Evaluación de Proyectos de Construcción

Acerca del Autor

José Adolfo Herrera, es un Ingeniero Civil con amplia experiencia en la construcción de Proyectos de Ingeniería.

Tiene una especialidad en Administración de la Construcción. Posee igualmente una Maestría en Administración de Negocios (MBA) y un Doctorado en Negocios (Phd) en proceso

Ha sido catedrático en la Universidad Católica Nordestana (UCNE) y en la Universidad Católica Tecnológica del Cibao (UCATECI) en la asignatura: Administración de la Construcción en sus programas de maestría.

Fue Decano de La Facultad de Ingeniería de La Universidad Católica Nordestana (UCNE)

Ha escrito varios libros en la industria de La construcción entre los que destacamos "Administración de la Empresa Constructora" y "Planificación Estratégica". Es igualmente articulista fijo en varios periódicos y revistas

Evaluación de Proyectos de Construcción

José Adolfo Herrera, MBA

Primera Edición

Septiembre de 2013

Evaluación de Proyectos de Construcción

José Adolfo Herrera A.
Primera Impresión: Lulu.com
USA
Septiembre de 2013

ISBN: 978-1-300-34162-8

CONTENIDO

ANEXOS 177

REFERENCIAS BIBLIOGRAFICAS 195

AGRADECIMIENTOS

A Dios, Todopoderoso que me permite cada día ser una mejor persona.

A mí adorada madre

A mi padre fallecido, quién se hubiera sentido más que orgulloso por este nuevo logro.

A mi hermana Mery, quién me ha apoyado siempre en cualquier circunstancia.

A mis queridos amigos, Lillian y Edigarbo García, quiénes más que amigos, son hermanos.

PROLOGO

Este nuevo libro sobre evaluación de Proyectos de Construcción, está dirigido a los Constructores, Promotores de Viviendas que cada día más se convierten en héroes, tratando de hacer negocios, supliendo viviendas para un mercado cada vez más creciente no siempre en las mejores condiciones.

Hoy en día, es necesario el planificar con cuidado nuestros proyectos de inversión, tomando en cuenta todos los factores que inciden en la Industria de la Construcción que son muchos y algunos muy complejos.

Esta obra toma muy en cuenta la etapa actual de globalización económica que nos arropa y cada vez se convierte en un reto permanente que nos mueve a ser cada vez, más creativos y emprendedores en la gestión de los proyectos de construcción.

Es preciso que dentro de nuestra evolución y transformación seamos capaces de despojarnos de criterios prejuiciados y arcaicos y que podamos cambiar y aceptar el desarrollo de nuevas técnicas de construcción y poner las mismas en práctica para lograr cambios efectivos en el costo que beneficiarán a constructores y los usuarios.

Es realmente reconfortante cuando tenemos éxito en la realización de un proyecto de construcción, es como una miel que endulza todo nuestro ser. El problema que nunca se olvida, es cuando el proyecto no nos sale bien, como lo habíamos pensado y cometemos una cantidad enorme de errores que podríamos haber tomado en cuenta, porque no evaluamos de forma correcta el proyecto en toda su extensión.

Al final del libro hacemos referencia a un listado con los pasos necesarios para realizar la formulación y evaluación de un proyecto de inversión.

José Adolfo Herrera

Capítulo 1: Introducción

1.1 Introducción

La formulación de proyectos se encuentra presente en todas las actividades humanas. Durante el desarrollo de nuestras vidas la formulación y la ejecución de proyectos se hace continua, desde que nacemos hasta que morimos, aún cuando no nos damos cuenta que lo estamos haciendo.

En nuestro caso, trataremos de la formulación y evaluación de proyectos en la Industria de la Construcción, ya que de ello depende el éxito o no de los proyectos de inversión que realizamos como ingenieros, arquitectos, promotores o inversionistas.

Todas las disciplinas que abarca la técnica de la Gerencia de Proyectos provienen del campo de la ingeniería, incluyendo la Formulación y Evaluación de Proyectos. No obstante, esta última posee un fundamento económico de índole social antes que exacta, por lo que los problemas que busca resolver se alejan de resultados precisos de las matemáticas, con soluciones menos definidas que exigen en el experto evaluador la existencia de un criterio económico bien fundamentado para saber interpretar los diversos aspectos que encierran.

Este comportamiento de la Formulación y Evaluación de Proyectos se deriva de su apretada identificación con la ciencia económica, la cual estudia la forma más apropiada para que el ser humano obtenga el mayor bienestar o utilidad posible de los bienes y servicios que produce para satisfacer sus necesidades, tomando en cuenta los escasos recursos que tiene a su disposición.

En otras palabras: el problema que intenta resolver la ciencia económica consiste en buscar la forma más eficiente de producir bienes y servicios requeridos por la sociedad en general para satisfacer las necesidades humanas conociendo que los recursos que tiene a su disposición cualquier economía siempre son escasos.

El sector inmobiliario de la construcción no es ajeno a esta situación, por lo que las circunstancias económicas, sociales y de mercado que lo envuelven le obligan al manejo eficiente de los recursos, basándose para ello en los fundamentos de índole social que rigen la economía, que tienen como objetivo proporcionar al individuo el mayor grado de bienestar posible. En este caso se refiere a la consecución de un hábitat residencial, laboral y/o de esparcimiento, siendo la herramienta más apropiada para lograrlo la técnica asociada a la Formulación y Evaluación de Proyectos.

1.2 Evaluación de Proyectos:

La preparación y evaluación de proyectos se ha transformado en un instrumento de uso prioritario entre los agentes económicos que participan en la Industria de la Construcción.

Nuestro objetivo en esta parte sólo es mencionar someramente los aspectos que inciden en la evaluación de proyectos de construcción, sin pretender adentrarnos profundamente en el tema que sería material de todo un nuevo libro.

Los proyectos en la Industria de la Construcción surgen de la búsqueda de la solución de una demanda insatisfecha.

Múltiples factores inciden en el éxito o el fracaso de un proyecto y las mismas son de diversa naturaleza. Cambios tecnológicos, cambios políticos, cambios en la política económica de un país, son algunos de los factores que influyen directamente en los Proyectos de Construcción.

Incluso los cambios en relaciones comerciales internacionales, la prima del dólar son factores a considerar.

Las apreciaciones de un proyecto varían de acuerdo a sí el proyecto es privado o público en cuyo caso deberá hacerse una evaluación social del mismo.

1.3 La Evaluación de un proyecto implica varias etapas:

- Estudio de Viabilidad Económica.

- Estudio Técnico del Proyecto.

- Estudio de Mercado.

- Estudio Organizacional y Administrativo de la empresa.

- El Estudio Financiero.

- El estudio de Impacto Ambiental.

Para la evaluación de los proyectos de construcción debemos hacer uso de las matemáticas financieras, las cuales consideran la inversión como el menor consumo presente y la cuantía de los flujos de caja en tiempo como la recuperación que incluir el proyecto.

Se debe considerar para hacer el estudio la tasa de interés adecuada presentes en el mercado, ya que el dinero no puede ser comparado en el tiempo.

Para evaluar los proyectos en la industria de la construcción se utilizan varios métodos como los son:

1) *El Valor Actual Neto (VAN)*, donde todos los valores, ingresos y egresos que se van a dar durante todo el proceso del proyecto se traen al valor presente.

2) **La Tasa Interna de Retorno (TIR)**, este criterio de la tasa interna de retorno evalúa el proyecto en función de una tasa única de rendimiento por período con la cual la totalidad de los beneficios. La TIR representa la tasa de interés más alta que un inversionista podría pagar sin perder dinero. Desde luego que debemos entonces de tomar en cuenta los costos de oportunidad y los riesgos de inversión.

Existen otros criterios de evaluación como lo son el Período de recuperación de la inversión (PR), así como el método de la Tasa de Retorno Contable (TRC), entre otros.

Es muy difícil de evaluar proyectos en ambientes inflacionarios, pero no imposible. Cuando lo hagamos debemos hacerlo con mucho cuidado, ya que los riesgos aumentan considerablemente

El riesgo en los proyectos de construcción se define como la variabilidad de los flujos de caja reales respecto a los estimados. Mientras más grande sea esta variación, mayor es el riesgo del proyecto. La incertidumbre de un proyecto crece con el tiempo.

Existen diferentes métodos en ingeniería económica que se aplican para la evaluación de los riesgos y las incertidumbres, pero toda esta parte la veremos en detalle en el capítulo No. 3 de este libro.

1.4 Algunos Conceptos Interesantes

1.4.1 El PIB

El objetivo principal de cualquier empresa es fabricar un producto para satisfacer una necesidad de un colectivo social que lo está demandando.

Dicho producto va a tener un efecto en la economía del país pues va a propiciar su bienestar general a través del incremento del denominado producto interno bruto, o PIB, y a través de la remuneración que reciben los factores de producción por producirlo.

Específicamente, el sector de la construcción es uno de los que absorben mayor cantidad de recursos y genera en consecuencia mayor cantidad de ingresos a los factores de producción en cualquier economía, y otorga en consecuencia uno de los mayores impulsos al resto de los sectores que la integran.

La producción en forma eficiente del producto específico de cualquier empresa es, a su vez, la razón de ser de la evaluación de proyectos.

El producto interno bruto (PIB) es el valor de todos los bienes y servicios producidos y vendidos en el mercado durante un año.

En términos generales, el producto interno bruto, o PIB, incluye:

• las compras de bienes y servicios que hacen los hogares: alimentos, vestidos, gasolina, automóviles, cortes de cabello y similares;

• la compra de bienes y servicios que hacen las empresas, como las maquinarias y equipos;

• la compra de bienes y servicios que hace el gobierno central y municipal;
• las compras netas realizadas por los agentes económicos del resto del mundo en nuestro país, reflejadas en el saldo neto de nuestras exportaciones e importaciones, denominado exportaciones netas.

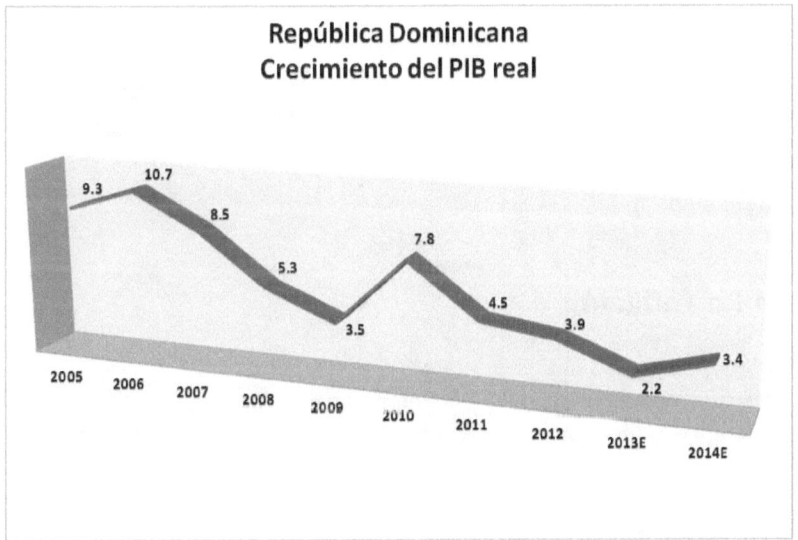

Fig. 1.1 Crecimiento del PIB real

También forma parte del PIB las construcciones residenciales y no residenciales fabricadas y adquiridas por los agentes económicos, tales como viviendas, centros comerciales, fábricas, edificios de oficinas y similares; así como las obras de infraestructura, carreteras, puertos, aeropuertos, comunicaciones, y ferrocarriles.

1.4.2 Precios nominales o corrientes y precios reales o constantes

El PIB se clasifica como PIB Nominal cuando su valor se mide en precios nominales, o corrientes, y como PIB Real cuando su valor se mide en precios reales, o constantes.

Precio nominal o corriente es el valor que tienen los bienes y servicios en el momento en que se producen y consumen, es decir, lo que me costaron mis compras.

Precio real o constante es el valor que tienen los bienes y servicios referido a un año base, lo cual elimina el alza de precios producido entre el año que se analiza y el año de referencia.

Para aclarar estos dos últimos conceptos de precio corriente y precio constante se hace necesario introducir el término inflación.

1.4.3 La Inflación

La inflación es un concepto directamente relacionado con el PIB, que se define como un incremento sostenido en el nivel agregado de precios.

Es oportuno indicar que si, por alguna circunstancia prevista o imprevista, desaparece el incremento sostenido en el nivel agregado de precios, desaparece la inflación.

El manejo de los conceptos de precios corrientes y constantes, así como el de inflación, tiene una importancia muy marcada en la formulación y evaluación de proyectos por las dos razones que mencionamos a continuación:

• Vamos a ver más adelante que cuando se efectúa la evaluación de un proyecto se toma como año base el actual, no un año base histórico, o pasado, y a partir de él se proyectan todas las variables a precios constantes, es decir, no se toma en cuenta la inflación pues hemos comprobado que su presencia distorsiona los resultados.

• No obstante, no tomar en cuenta la inflación también desvirtúa, aparentemente, los valores de la proyección pero, dada la imposibilidad de estimarla, calcularla o predecirla, la mejor forma de acercarse a una realidad cierta es dejarla de lado durante la proyección e introducirla a nivel del análisis de sensibilidad, tal como veremos al llegar a ese punto.

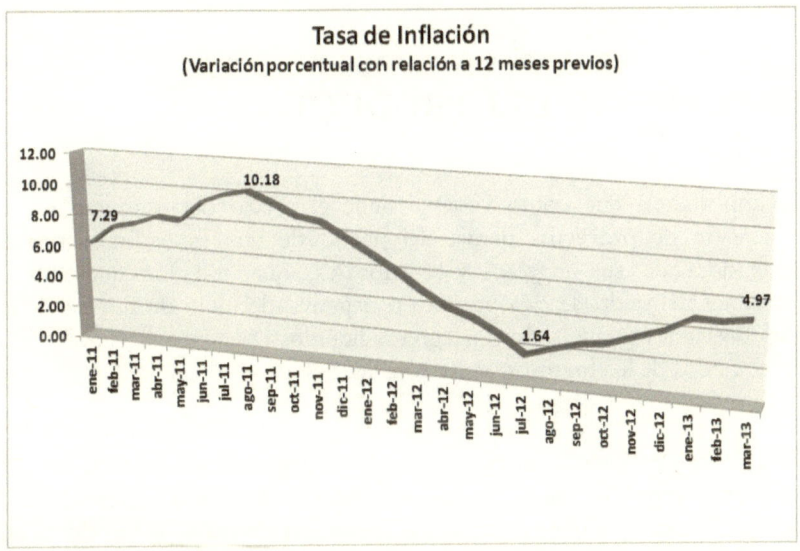

Fig. 1.2 Tasa de inflación

1.4.4 PERÍODOS DE PROYECCIÓN

Una de las peculiaridades que distingue a la evaluación de proyectos del sector de la construcción en relación a la evaluación de proyectos destinada a la producción de un bien o de un servicio de diferente índole, reside en el comportamiento de sus costos e ingresos a lo largo de los años de proyección.

El comportamiento de los costos e ingresos en todo proyecto de inversión va a depender de que el proyecto esté destinado a la producción de un bien o servicio típico, o a la producción de un desarrollo inmobiliario.

Aunque en los proyectos de bienes y servicios típicos la proyección suele hacerse comúnmente sobre una base anual, debido a sus peculiaridades y para obtener una mayor precisión en los cálculos, la proyección de proyectos de desarrollos inmobiliarios conviene desagregarla en períodos menores de tiempo -tales como meses, trimestres o semestres- especialmente en los años iniciales de la proyección.

1.5 EL PRECIO DEL PRODUCTO

La importancia que como variable tiene el precio del producto en la evaluación de proyectos deriva del hecho de que es la única fuente generadora de sus ingresos operacionales, que son los que van a determinar el saldo de caja positivo o negativo del flujo de fondos de la empresa, una vez que todos los egresos líquidos operacionales hayan sido descontados de los ingresos operacionales.

Es costumbre bastante inveterada en los mercados que poseen fuertes tendencias monopólicas u oligopólicas que el empresario —haciendo uso de la influencia que tiene sobre la formación del precio de su producto en este tipo de mercado con la que puede forzar el precio al alza o a la baja- lo determine agregándole un porcentaje de ganancia a su costo total de producción e ignorando totalmente el rol que cumple el mercado en su formación al hacer confluir la función de demanda -determinada por el comportamiento del consumidor- con la función de oferta, determinada por el comportamiento del empresario.

No obstante, en la medida en que un mercado sea más competitivo, en esa misma medida el empresario tendrá menor influencia sobre el precio, y en la medida en que un mercado se aleje de la competencia perfecta y se acerque al monopolio, en esa misma medida su influencia sobre el precio será mayor.

Como la evaluación de proyectos se ubica dentro del supuesto de la competitividad del mercado, el único precio del que podrá hacer uso el empresario al evaluar su proyecto es el que obtenga libremente del mercado. Esto implica que sus ingresos operacionales van a estar determinados por ese precio, independientemente del nivel de costos operacionales que pudiera encerrar su proyecto.

Al no poder controlar el precio del producto y, por ende, el nivel de sus ingresos operacionales, la única alternativa que le queda al empresario es controlar en forma eficiente los costos operacionales de forma tal que, al restarlos de los ingresos, pueda obtener una utilidad satisfactoria para su empresa.

Todo ello nos lleva a afirmar que el empresario consciente de su función, más que preocuparse por el precio de venta de su producto –ya que no lo puede controlar directamente- debe dirigir sus esfuerzos al control de sus costos de producción, tratando de reducir al mínimo el costo unitario -o costo promedio- de producción de su bien o servicio.

Esta reducción supone que se logra a través del manejo eficiente de sus recursos y no disminuyendo la calidad de su producto pues, de ser así, no pudiera permanecer mucho tiempo dentro de un mercado competitivo.

Una buena eficiencia en el manejo de sus recursos va a brindarle, con mucha probabilidad, un margen de utilidad suficiente y, tal vez, superior al obtenido por una competencia menos eficiente.

Contrariamente, el manejo ineficiente de los recursos, con toda seguridad, lo sacará del mercado.

1.6 Peculiaridades del precio de venta

La teoría de la formación del precio en el mercado inmobiliario encaja dentro de la teoría tradicional fundamentada en el valor de mercado de un bien o servicio típico, el cual viene determinado por el cruce de las funciones de oferta y la demanda.

No obstante, aún dentro del supuesto de una proyección a precios constantes, la formación del precio del producto en el mercado inmobiliario –como consecuencia de su dinámica- encierra peculiaridades que deben ser tomadas en cuenta ya que suelen imprimirle valores diferentes a lo largo de la proyección.

Entre las principales peculiaridades, destacan las siguientes:

1. El sector inmobiliario no vende directamente unidades destinadas a viviendas, oficinas o comercios, sino que vende metros cuadrados.

En la medida en que el área de una unidad habitacional dada, de una oficina o de un comercio sea menor, su precio, por metro cuadrado, será mayor en relación al de otras unidades de mayor extensión pertenecientes a un mismo conjunto o desarrollo.

2. Estructuras civiles similares pueden tener diferente precio de mercado por la calidad del acabado de sus instalaciones.

3. El producto inmobiliario es factible de venderse aún antes de ser producido, práctica que se conoce en el sector inmobiliario como preventa, o venta en planos, lo que exige la determinación de un precio de venta a ese nivel. Esta modalidad permite aliviar el flujo de fondos del promotor incrementando la rentabilidad de la inversión.

4. La ubicación de un inmueble en un determinado sector de la ciudad, así como a diferentes alturas dentro del mismo edificio, o el que sus vistas panorámicas estén dirigidas hacia determinados elementos paisajísticos, agregan o disminuyen valor al producto.

5. El ritmo de venta estimado en una proyección –que es la velocidad a la que se venden los metros cuadrados de una construcción- puede variar a favor o en contra de la estimación del flujo de ingresos y costos.

6. Al determinar el ritmo de las ventas se suelen tomar en cuenta tres estrategias diferentes:

• **Acelerada**: forzar la totalidad de las ventas en los primeros meses de la construcción con lo que el promotor renuncia a las subidas de precio que los inmuebles van alcanzando a medida que avanza la construcción y como producto terminado, pero mejora el valor presente neto de su inversión al tiempo que reduce los niveles de inversión propia y los riesgos de mercado

• **Intermedia**: diseñar una política conservadora de generación de la utilidad donde la mayor porción de la venta se va ejecutando a lo largo de todo el período de construcción dejando unas unidades para venderlas una vez terminada. Esta estrategia permite ir subiendo el precio de venta a medida que avanza la construcción el cual alcanza su nivel máximo una vez concluida ésta.

• **Conservadora**: no efectuar ventas hasta tener totalmente terminada la construcción buscando obtener el máximo precio.

Este último enfoque se da en promociones de gran lujo donde el factor calidad e imagen se transmiten mucho mejor como producto terminado, pero requiere de una alta capacidad propia de inversión.

No obstante, tomando en cuenta que el proceso de generación de una vivienda es relativamente lento, las estrategias del ritmo de ventas suelen estar más condicionadas por cuestiones de estabilidad económica y social, presencia de mercado y perspectivas a futuro que por aspectos estrictamente financieros.

1.6 Modalidades del precio de venta

Las peculiaridades mencionadas influyen sobre el precio de venta el cual presenta cuatro modalidades que deberán ser tomadas en cuenta a la hora de la proyección:

1. El precio normal, o precio de mercado, determinado por el cruce de la demanda y la oferta, el cual suele identificarse con grandes desarrollos de viviendas destinadas a las clases media y baja de un colectivo.

2. El precio de lujo, que es el que va asociado al valor subjetivo más que al valor objetivo del bien o servicio. Este precio está frecuentemente relacionado con bienes de consumo que ostentan marcas que influyen en la personalidad de algunos individuos, tales como prendas de vestir y automóviles. En el mercado inmobiliario, este precio está asociado a viviendas ubicadas en sectores residenciales de clase alta y que presentan acabados de lujo realizados con materiales de primera calidad.

3. El precio Giffen, que es el que presenta un comportamiento inverso a la ley de la demanda pues, ante una subida de precio, se demanda una mayor cantidad de un bien o servicio.

El origen de su nombre proviene del economista inglés Robert Giffen que en el año 1884 observó que en Irlanda la gente pobre consumía muchas papas y algo de carne. La plaga de la papa de 1845, que destruyó gran parte de la cosecha, hizo que su precio subiera tanto que disminuyó el ya escaso ingreso real de las familias. El resultado fue que, a pesar del incremento de su precio, la gente aumentó la demanda de papas en lugar de disminuirla –pues era el alimento más barato a su disposición– reduciendo simultáneamente e, incluso, eliminando el consumo de carne.

Un comportamiento similar presenta el mercado del oro cuando, ante una caída de la Bolsa de Valores, se incrementa la demanda de este metal a pesar de la subida de su precio.

En el mercado inmobiliario este tipo de precio se relaciona con la creación del "efecto riqueza" el cual –en períodos de prosperidad económica– hace que se estimule la inversión en valores cuando suben sus precios con el fin de que se incremente el patrimonio personal.

Este fenómeno suele darse en los segmentos de viviendas de clase media, de segundas viviendas y de viviendas de lujo, quedando fuera de consideración, por razones obvias, el segmento de viviendas de interés social.

4. El precio hedónico, que, más que al valor de mercado, responde a un valor sentimental o subjetivo.

Por ejemplo, una vivienda que perteneció a los bisabuelos, abuelos o padres de su actual propietario, y donde pasó toda su infancia, tiene para él un valor que no puede cambiarse por un bien sustituto; es decir, si le ofrecieran a cambio una vivienda semejante en la misma ubicación y con características físicas similares, no la cambiaría por el valor que aquella encierra para él.

1.7 Formación del precio de venta

El precio de venta del metro cuadrado de una construcción inmobiliaria - como le sucede al precio de venta de todo bien o servicio en un mercado competitivo- viene determinado por la relación de demanda y oferta del mercado en el momento del análisis.

Ahora bien, a diferencia de lo que sucede en otros mercados de bienes y servicios, el precio de venta del metro cuadrado, por lo general, no es el que tiene el inmueble en el momento en que está terminado sino que comienza a formarse cuando todavía no existe físicamente y sale a la venta en planos, para seguir formándose a lo largo del proceso de construcción, y finalizar su formación cuando se vende la última unidad de vivienda.

Los incrementos que experimenta a lo largo de la proyección los va dictando el avance de la construcción porque no encierra el mismo riesgo adquirir un inmueble a nivel de planos que a nivel de fundaciones, de estructura, de instalaciones y/ o de acabados, ya que el riesgo que asume el comprador es cada vez menor, por lo que está dispuesto a pagar más por el metro cuadrado a medida que va avanzando la construcción.

Es por eso que, en el sector de la construcción, el precio de venta utilizado a lo largo de la proyección suele partir en sus etapas iniciales de un valor situado por debajo del precio de mercado e ir incrementándose a medida que la construcción va tomando cuerpo hasta llegar a situarse en un valor máximo que supera, por lo general, el precio de mercado.

Por su parte, al constructor le interesa generar flujo de caja en las etapas iniciales de la construcción por lo que estará dispuesto a ofrecer precios más bajos por metro cuadrado durante las fases de arranque, precios que irá incrementando a medida que el desarrollo se va acercando a su culminación.

Esta formación del precio de venta sigue las vicisitudes del ritmo de venta del inmueble y está influido por él.

1.8 El precio inmobiliario en la evaluación de proyectos

A la hora de evaluar un proyecto, antes de nada es necesario definir la estrategia de ventas que se estima llevar a cabo, pues va a tener una gran influencia en la formación del precio promedio de venta. Al hablar de estrategia de ventas nos referimos a los tres tipos que mencionamos anteriormente.

Fig. 1.3 Villa en Guavaberry, Juan Dolio

Obviamente, el precio de venta utilizado en el proyecto deberá ser el que dicte el mercado para la estrategia de ventas escogida. Ahora bien, en forma similar a lo que sucede con el comportamiento impredecible de la inflación, sucede también con los incrementos de precios que se derivan de la dinámica del mercado inmobiliario, es decir, no es posible establecer a nivel de proyecto el precio de arranque de las ventas, así como tampoco lo es determinar el ritmo al cual va a ir subiendo dicho precio, ni establecer el precio que va a alcanzar una vez finalizada la construcción.

Por eso, el precio promedio utilizado para calcular los ingresos del proyecto debe ser el que dicte el mercado en ese momento. Al llevar el proyecto a la realidad, el promotor va a utilizar como guía dicho precio promedio para determinar el precio de arranque de la venta y los sucesivos incrementos que impone la dinámica del mercado siempre pendiente de no sobrepasar el precio promedio estimado a nivel de proyecto. Es ahí donde reside la verdadera utilidad de la evaluación efectuada.

CAPITULO II: Programación de Proyectos

2.1 Introducción

El diagrama de Gantt

La carta Gantt o diagrama de Gantt, fue desarrollada por Henry L. Gantt, durante la primera guerra mundial.

Con estas graficas Gantt procuro resolver el problema de la programación de actividades, es decir, su distribución conforme a un calendario, de manera tal que se pudiese visualizar el periodo de duración de cada actividad, sus fechas de iniciación y terminación e igualmente el tiempo total requerido para la ejecución de un trabajo.

El instrumento que desarrolló permite también que se siga el curso de cada actividad, al proporcionar información del porcentaje ejecutado de cada una de ellas, así como el grado de adelanto o atraso con respecto al plazo previsto.

Este gráfico consiste simplemente en un sistema simple de coordenadas en que se indica:

En el eje Horizontal: Un calendario, o escala de tiempo definido en términos de la unidad más adecuada al trabajo que se va a ejecutar: hora, día, semana, mes, etc.

En el eje Vertical: Las actividades que constituyen el trabajo a ejecutar. A cada actividad se hace corresponder una línea horizontal cuya longitud es proporcional a su duración.

Utilización: El gráfico de Gantt se presta para la programación de actividades de la más grandes especie, desde la decoración de una casa hasta la construcción de una nave.

Desde su creación ha sido un instrumento sumamente adaptable y de uso universal, dado su fácil construcción.

En el desarrollo de un proyecto de construcción es común que se disponga de recursos limitados para la ejecución de actividades.

El diagrama de Gantt permite identificar la actividad en que se estará utilizando cada uno de los recursos y la duración de esa utilización, de tal modo que puedan evitarse periodos ociosos innecesarios y se dé también al administrador una visión completa de la utilización de los recursos que se encuentran bajo su supervisión.

La grafica de Gantt puede adoptar dos formas:

1. Gráfica de Progresos: Ilustra el estado actual de cada trabajo, en relación con la fecha programada para finalizar su fabricación.
2. Gráfica de Maquinaria: Ilustra la secuencia de trabajo de las máquinas y también para vigilar el avance de los procesos.

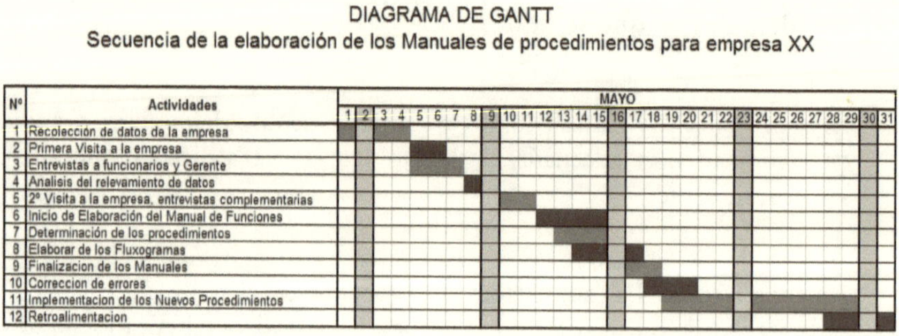
DIAGRAMA DE GANTT
Secuencia de la elaboración de los Manuales de procedimientos para empresa XX
Nº
Actividades
MAYO
1 2 3 4 5 6 7 8 9 10 11 12 13 14 15 16 17 18 19 20 21 22 23 24 25 26 27 28 29 30 31
1 Recolección de datos de la empresa
2 Primera Visita a la empresa
3 Entrevistas a funcionarios y Gerente
4 Analisis del relevamiento de datos
5 2º Visita a la empresa, entrevistas complementarias
6 Inicio de Elaboración del Manual de Funciones
7 Determinación de los procedimientos
8 Elaborar de los Fluxogramas
9 Finalizacion de los Manuales
10 Correccion de errores
11 Implementacion de los Nuevos Procedimientos
12 Retroalimentacion

Figura 2.1 Diagrama de Gantt

Ventajas del diagrama de Gantt:

- Es muy sencillo.
- Fácil de utilizar.
- Necesita poca planificación.
- Da una representación global del proyecto en un solo vistazo.
- Lo manejan los paquetes computacionales.
- Comunicación directa con los usuarios finales.

Desventajas del diagrama de Gantt:

- No muestra relaciones de precedencia entre actividades claramente.
- No permite optimizar el desarrollo de un programa.
- Fija un solo lapso de tiempo para realizar cada actividad y no muestra las actividades críticas o claves de un proyecto.

Pasos para construir un Diagrama de Gantt:

1. Listar las actividades en columna.
2. Disponer el tiempo disponible para el proyecto e indicarlo.
3. Calcular el tiempo para cada actividad.
4. Indicar estos tiempos en forma de barras horizontales.
5. Ordenar de forma cronológica.
6. Ajustar tiempos y secuencia de actividades.

2.1.1 GRÁFICO DE GANTT:

DEFINICIÓN: El diagrama de Gantt es un diagrama de barras horizontales en el cual la lista de actividades va debajo del eje vertical y las fechas se colocan a lo largo del eje horizontal.

En el eje Horizontal corresponde al calendario, o escala de tiempo definido en términos de la unidad más adecuada al trabajo que se va a ejecutar: hora, día, semana, mes, etc.

En el Eje Vertical se colocan las actividades que constituyen el trabajo a ejecutar.

A cada actividad se hace corresponder una línea horizontal cuya longitud es proporcional a su duración en la cual la medición efectúa con relación a la escala definida en el eje horizontal conforme se ilustra. En la figura 9.1 aparece un diagrama de Gantt con varias actividades de un proyecto ficticio con un corte en un momento determinado.

Las actividades que comienzan más temprano se localizan en la parte superior del diagrama, y las que comienzan después se colocan de modo progresivo, empezando por la que empiece primero, en el eje vertical.

De este modo, el diagrama parece la vista lateral de una corriente que fluye de una montaña, lo cual explica por qué los diagramas de Gantt también se conocen como diagramas en "cascada".

Además, el flujo desde la parte superior izquierda hacia la parte inferior derecha puede dar la idea de secuencia al colocar el número o la letra de la actividad precedente inmediata a la izquierda del extremo de la barra que representa la actividad.

Los diagramas de Gantt son herramientas prácticas muy utilizadas en la administración de proyectos de construcción, porque no sólo son económicas y fáciles de aplicar, sino que también presentan gran cantidad de información, donde el administrador puede descubrir de inmediato cuáles actividades van adelantadas en la programación y cuáles están atrasadas.

En general, cuanto más grande sea el proyecto, más difícil será desarrollar y mantener actualizados los diagramas de Gantt. Sin embargo, en los grandes proyectos, pueden ser útiles para representar las diversas tareas en que se descompone la actividad o dar una idea amplia del proyecto.

 Otra desventaja más grave es que no indican cuáles actividades pueden retardarse o dilatarse sin que se afecte la duración del proyecto.

2.2 PERT & CPM:

2.2.1 Historia

Cuando la Marina de los Estados Unidos comenzó el proyecto del «submarino atómico Polaris», se dieron cuenta que no sólo debían vencer las dificultades técnicas y científicas, sino también el problema de coordinación y control de estos enormes esfuerzos.

En este proyecto había 250 contratistas directos y más de 9.000 subcontratistas, que suponían gran cantidad de recursos y factores humanos y, por tanto, era preciso encontrar una nueva técnica para desarrollar el proyecto con eficacia bajo un nivel razonable de costo y tiempo.

En colaboración con la casa Booz, Allen y Hamilton se iniciaron los conceptos básicos del sistema PERT (Project Evaluation and Review Technique), como instrumento de planificación, comunicación, control e información. El resultado de la aplicación de esta nueva técnica fue el ahorro de dos años en un proyecto de cinco de duración total.

Este éxito no sólo impresionó en el campo militar, sino también en otros sectores; su utilización se extendió rápidamente en el campo industrial y comercial. Hoy prácticamente en los Estados Unidos todas las empresas utilizan PERT para controlar sus proyectos, especialmente las que están vinculadas con el Departamento de Defensa

En 1957, la casa E. I. Du Pont desarrolló un sistema que pudiera mejorar el método de planificación y programación para los programas de construcción. Bajo la dirección de los señores J.E. Kelly y M.R. Walker, se creó la técnica CPM (Critical Path Method).

La técnica de CPM es similar al PERT en muchos aspectos. La diferencia fundamental de estos dos sistemas consiste en que, el PERT, estima la duración de cada tarea u operación de los proyectos basándose simplemente en un nivel de costo, mientras que el CPM relaciona duración y costo, de lo cual se deriva una diversidad de duraciones para cada tarea u operación, y la elección de una duración adecuada se hará de modo que el costo total del proyecto sea mínimo.

Lo más criticado de PERT y CPM es que ambas son deterministas, es decir, se predetermina que actividades deben hacerse para terminar un proyecto. Es asumido que todas las actividades del gráfico de red se tienen que hacer antes o después, y que la terminación de todas las actividades marca el final del proyecto. La duración de una actividad es lo único que se considera incierto.

Para muchos tipos de proyectos, particularmente aquellos en los cuales los procesos no son bien conocidos hay muchas más cosas inciertas que se deberían considerar.

Por ejemplo, una actividad en un proyecto de desarrollo de software puede ser "probar los resultados del programa". No siempre el resultado es el que esperábamos y puede ser que no sepamos si esto representa un error en de tipo software o hardware o un poco de ambos. Aún sería peor si fuese un problema de diseño o de especificación entonces el proyecto necesitaría volver atrás hasta llegar al paso de diseño o de especificación.

Estas contingencias de salto para rediseñar o re especificar son normales en proyectos de desarrollo.

Como PERT y CPM requieren que todas las tareas estén terminadas no se considera el caso de tener que volver atrás. Para compensar estas deficiencias se han desarrollado sistemas de red más generalizados, probablemente el más conocido es el GERT (Graphical Evaluation and Review Technique).

2.2.2 Qué son PERT y CPM?

PERT y CPM son dos métodos usados por la dirección para, con los medios disponibles, planificar el proyecto al fin de lograr su objetivo con éxito. Estos métodos no pretenden sustituir las funciones de la dirección, sino ayudarla. PERT y CPM no resuelven los problemas por sí solos sino que relacionan todos los factores del problema de manera que presentan una perspectiva más clara para su ejecución.

Muchas veces las decisiones no son fácilmente tomadas por la dirección debido a su incertidumbre, pero PERT y CPM ofrecen un medio eficaz de reducir ésta, y que las decisiones tomadas y acciones emprendidas sean las adecuadas al problema, con gran probabilidad de éxito.

El mayor problema con que la dirección se enfrenta hoy en un proyecto complejo, es cómo coordinar las diversas actividades para lograr su objetivo. Los enfoques tradicionales sobre la planificación y programación resultan inadecuados e insuficientes.

Generalmente los diferentes grupos que trabajan para el proyecto tienen sus propios planes de realización independientes entre sí. Esta separación conduce a una falta de coordinación para el proyecto como conjunto. En cambio, las técnicas de PERT y CPM preparan el plan mediante la representación gráfica de todas las operaciones que intervienen en el proyecto y las relacionan, coordinándolas de acuerdo con las exigencias tecnológicas.

Además, estas técnicas proporcionan un método de actuación por excepción para la dirección; esto quiere decir que la dirección sólo actuará cuando surjan desviaciones respecto al plan previsto.

2.3 Qué significa la palabra «dirección»?

Primero vamos a aclarar la palabra dirección. Su significado en el lenguaje anglosajón management es muy amplio. No sólo se refiere a la dirección propiamente dicha de la empresa, sino que se extiende a todos los niveles de ésta. La diferencia está en que los distintos niveles de dirección tienen distintos grados de autoridad y responsabilidad.

Diremos que la «dirección» en sentido anglosajón es cualquier órgano «ejecutivo» de la empresa y es necesario que reúna las siguientes condiciones:

1. el responsable debe escoger o conocer el objetivo de su trabajo;

2. debe organizar los recursos disponibles para lograr el objetivo elegido por medio de un proyecto o plan de realización;

3. durante la realización del proyecto, puede ocurrir que cambien sus condiciones iniciales y, entonces, debe controlar y modificar el proyecto original para proseguir su objetivo.

De aquí también se deduce que la función de la dirección está caracterizada por las decisiones que se deben tomar y, a su vez, estas decisiones van acompañadas de la incertidumbre. Sobre todo, cuando el objetivo no tiene precedente y el éxito de la consecución no está garantizado.

Aun cuando los trabajos sean repetitivos, la dirección suele encontrarse con problemas tanto de tiempo como de costo.

PERT y CPM son sistemas especialmente diseñados para asistir a la dirección en esas tareas donde la incertidumbre pudiera comprometer su eficacia, ya que estos métodos le ofrecen una planificación detallada, con las responsabilidades designadas, y la programación mejor estimada y con más probabilidad de cumplimiento.

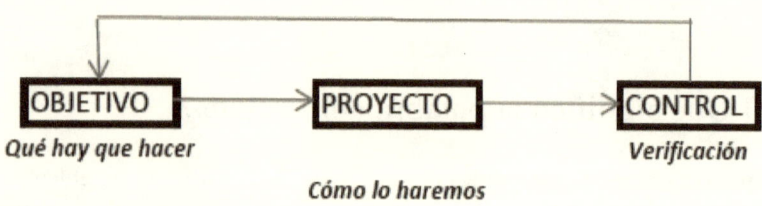

Figura 2.2 Diagrama de Redes

2.4 Aplicaciones de PERT y CPM

El factor tiempo adquiere cada vez más importancia en las industrias españolas. No sólo por la penalidad impuesta por el cliente respecto al plazo de entrega sino también por el concepto de costos.

Una empresa mueve millones de pesos al mes; y si la dirección puede conseguir una reducción del tiempo de realización del proyecto con los mismos medios existentes y no causa por ello aumento de costos, significará un beneficio. Esta economía indirecta puede ser conseguida mediante la mejora del método para la planificación, programación y control de proyectos.

La fabricación se puede clasificar en dos tipos; producción continua o en serie, y la producción por unidades, que ha de ser compleja para poder utilizar estas técnicas, por ejemplo, toda clase de construcción, como: alternadores, locomotoras, barcos, edificios, carreteras, puentes, instalaciones de plantas, etc. Las técnicas de PERT y CPM son productos del progreso científico para controlar esta clase de producción por unidades.

La aplicación de PERT se concentra en aquellas tareas en que hay incertidumbre en cuanto a los tiempos de terminación. Sin embargo, con CPM se supone que las experiencias pasadas nos libran de esta incertidumbre de tiempos, pero sí existe la de costos, ya que lo importante es el costo total mínimo y sobre éste se fijan los tiempos de los trabajos.

El caso PERT, por ejemplo, es más indicado para los proyectos de investigación, en los cuales existe el problema de la estimación de los tiempos de trabajo y, por otro lado, tampoco hay antecedente para calcular los costos por unidad de tiempo.

En cambio el CPM es aplicable a las construcciones en general en las cuales sea fácil estimar los tiempos y costos, y lo que interesa es saber cuál es la combinación costo-duración de cada tarea para que se pueda lograr el costo total mínimo del proyecto.

2.5 Ventajas de estas técnicas

Las principales ventajas de estas técnicas son el poder proporcionar a la dirección las siguientes informaciones:

a) ¿Qué trabajos serán necesarios primero y cuándo se deben realizar los acopios de materiales y problemas de financiación?

b) ¿Qué trabajos hay y cuántos serán requeridos en cada momento?

c) ¿Cuál es la situación del proyecto que está en marcha en relación con la fecha programada para su terminación?

d) ¿Cuáles son las actividades críticas que al retrasarse cualquiera de ellas, retrasan la duración del proyecto)?

e) ¿Cuáles son las actividades no críticas y cuánto tiempo de holgura se les permite si se demoran?

f) Si el proyecto está atrasado, ¿dónde se puede reforzar la marcha para contrarrestar la demora y qué costo produce?

g) ¿Cuál es la planificación y programación de un proyecto con costo total mínimo y duración óptima?

2.6 Diferencias con el método GANTT

El método de PERT o CPM separa el proceso de planificación del proceso de programación. Este es el punto de diferencia con el método de GANTT.

En el gráfico de GANTT se realiza la planificación y la programación al mismo tiempo, o sea que la longitud de la barra que representa cada tarea indica las unidades de tiempo.

Vamos a poner un ejemplo de construcción de una acera:

Necesitamos las siguientes operaciones:

A) Acopios de material.
B) Encofrado de la acera
C) Trabajo de colocación del acero
D) Vaciado del Hormigón
E) Pulido del Hormigón

Con este ejemplo vamos a planificar con el método GANTT.

Este método de GANTT podría conducir a una programación en la cual el tiempo de cualquier tarea sea diferente del que realmente hubiera necesitado, y entonces, el gráfico no refleja la realidad del proyecto.

Además, muchas veces el proyecto se retrasa y la dirección no permite ver claramente en qué tareas tiene que acelerar y en qué medida para que la duración total del proyecto sea la estimada, ni mucho menos saber cuánto le va a costar esta aceleración.

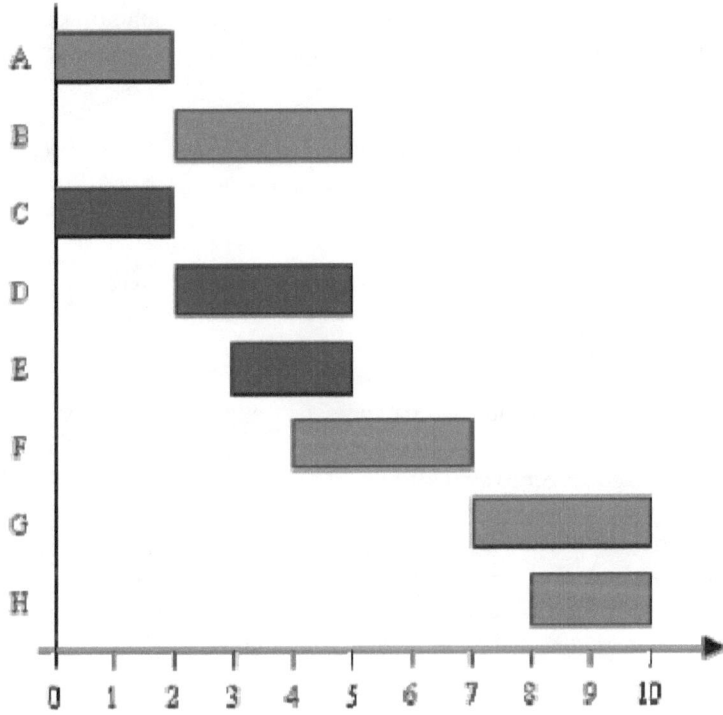

Figura 2.3 Diagrama de Gantt

Para los sistemas de PERT y CPM, la planificación consiste en un análisis de las actividades que deben intervenir en el proyecto y el orden en que han de tener lugar. La programación en el PERT es estimar las duraciones de las tareas tanto en el sentido determinístico como en el probabilístico.

En el CPM, la programación consiste en estimar las duraciones de las tareas con el mínimo de recursos, es decir, que el tiempo y el costo están relacionados directamente en un proyecto.

2.7 Fundamentos de la representación gráfica de un proyecto:

Qué es un proyecto? No es fácil definir la palabra proyecto. Sin embargo, algunos autores indican que el proyecto es un conjunto de tareas u operaciones elementales bien diferenciables que se ejecutan según un orden determinado.

Los fundamentos de los sistemas PERT y CPM son las representaciones gráficas del proyecto mediante diagramas de flechas, o también lo podemos llamar red de flechas.

La red se crea según el orden de realización de las tareas u operaciones, paso a paso, hasta el final del proyecto. Originalmente estas tareas u operaciones se llaman actividades.

Un trabajo encargado a una persona responsable, bien lo realice personalmente o bien lo hagan operarios a sus órdenes, es lo que podemos definir como actividades.

Una actividad puede comprender una sola tarea o bien una serie de ellas. Todo depende de la designación del responsable de los trabajos que se realizan bajo sus órdenes según la conveniencia de la realización del proyecto. Por tanto habrá tantas actividades como responsables.

Gráficamente una actividad está compuesta de dos partes: la primera que es la ejecución del trabajo y está representada por una flecha con orientación de izquierda a derecha ® y la segunda se llama suceso que generalmente se dibuja con dos círculos o dos rectángulos poniéndolos en los dos extremos de la flecha O®O.

El suceso que está al final de la flecha se llama «suceso inicial» y el suceso que conecta al comienzo de la flecha se le denomina «suceso final».
El suceso es un instante de la actividad que sirve como el punto de control, describiendo el momento de comienzo o terminación de una actividad.

La actividad es un símbolo de trabajo en proceso. Por tanto, todas las actividades requieren tiempo y recursos.

La longitud de la flecha no representa la cantidad de tiempo como en los gráficos de GANTT. Por ejemplo, en nuestra figura 2.4, la actividad A no es más corta de duración que la B, aunque las longitudes de las flechas lo sean:

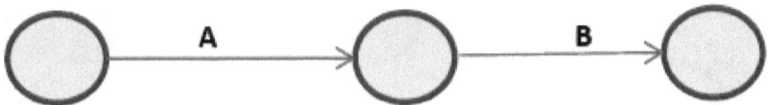

Figura 2.4 Diagrama de Flechas

La dirección de las flechas no tiene sentido vectorial. Es simplemente una progresión de tiempo. Como el tiempo no retrocede, la orientación de la flecha siempre es de izquierda a derecha.

Por ejemplo, podemos dibujar una red como sigue:

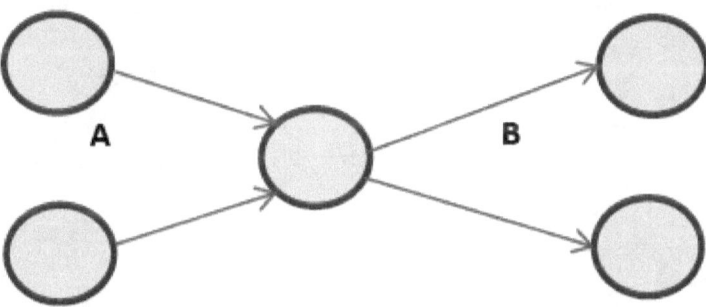

Figura 2.5

Tampoco es preciso que la flecha sea una línea recta, sino que pueden dibujarse en curva:

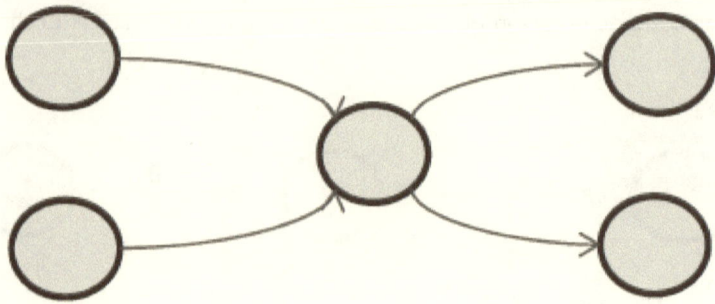

Figura 2.6

Esto depende de la facilidad que haya para representar las actividades en una red de flechas que refleje el orden y secuencia de las relaciones del proyecto.

Una actividad debe estar terminada para que la subsiguiente pueda comenzar. Como todas las actividades tienen sus sucesos iniciales y finales, el suceso final de la actividad precedente es el mismo suceso inicial de la subsiguiente:

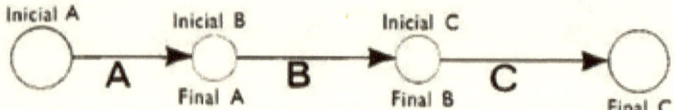

Figura 2.7

Sin embargo, hay una excepción en los sucesos iniciales y finales. El primer suceso inicial del proyecto no tiene una actividad que la preceda y el último suceso final tampoco tiene una actividad que la subsiga.

Volvamos a nuestro ejemplo anterior (figura 2.4) y lo representaremos con una red de flechas. Primero, en la fase de planificación es necesario estudiar las actividades que deben intervenir y sus relaciones de precedencia.

En el ejemplo citado las relaciones de precedencia son las siguientes:

Actividad A debe preceder a B y C.

Actividad B debe preceder a D.

Actividades C y D deben preceder a E.

Corrientemente, el diagrama se puede dibujar de la siguiente forma:

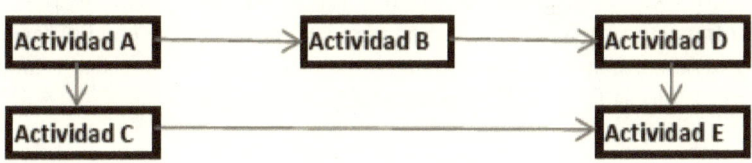

Figura 2.8

En los sistemas PERT y CPM se separa la actividad en dos sucesos, como anteriormente hemos hablado, uniéndolos con una flecha. Así, podemos representar el diagrama anterior:

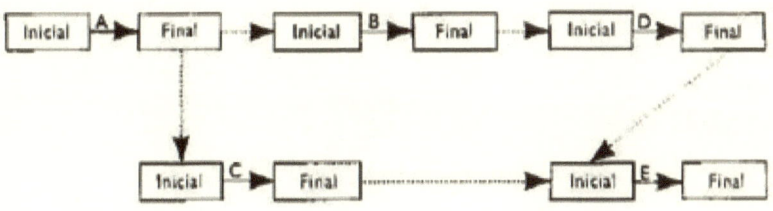

Figura 2.9

Como el suceso final de la actividad precedente es igual que el suceso inicial de la actividad subsiguiente, excepto el primero y el último suceso, podemos dibujar la red de flechas de la siguiente forma:

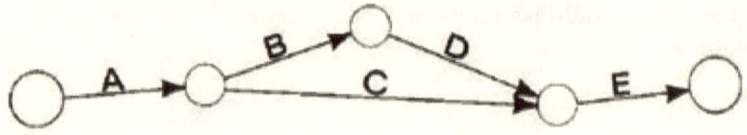

Figura 2.10

La enumeración de los sucesos es otro sistema para la identificación de la actividad.

Hemos visto el diagrama de flechas y que en cada flecha se ponía la denominación de la actividad. Pero para facilitar el cálculo en el ordenador es conveniente asignar números naturales a los sucesos iniciales y finales. Por ejemplo, la figura 2.10 será numerada como sigue:

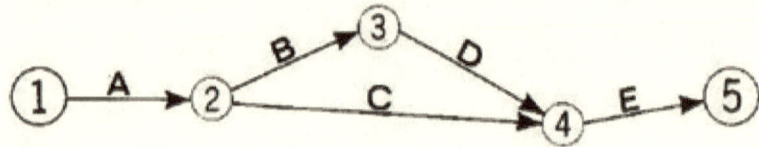

Figura 2.11

Así podemos llamar a las actividades de la siguiente manera:

Actividad A (1, 2).
Actividad B (2, 3).
Actividad C (2, 4).
Actividad D (3, 4).
Actividad E (4, 5).

En nuestro ejemplo vemos que cada actividad tiene dos números. A todos los sucesos iniciales los llamamos i y a los sucesos finales j.

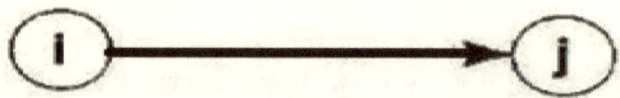

Figura 2.12

Excepto el primer suceso inicial y el último suceso final, en todos los demás, la letra j de la actividad precedente es igual a la letra i de la subsiguiente

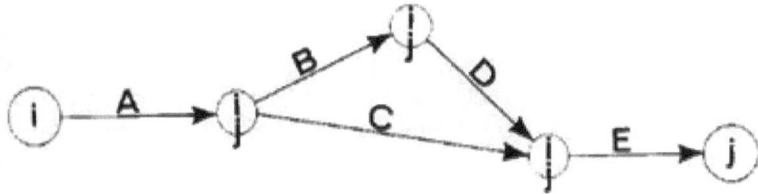

Figura 2.13

Normalmente los i y j siguen la sucesión de números naturales con la i menor que la 1.

Si se denomina 1 al primer suceso, y se sigue sucesivamente según el orden natural de los números enteros, entonces tenemos:

$i = 1,2,3$ .... $(n - 1)$
$j = 2,3,4$ .... (n)

donde i es siempre menor que j.

De esta forma lo hemos enumerado en nuestro ejemplo. Para esta desigualdad i < j no es preciso que se cumpla si no se utiliza el ordenador para los cálculos. Porque para el cálculo a mano, podemos asignar cualquier número a un suceso determinado, sin tener en cuenta la secuencia de los números naturales.

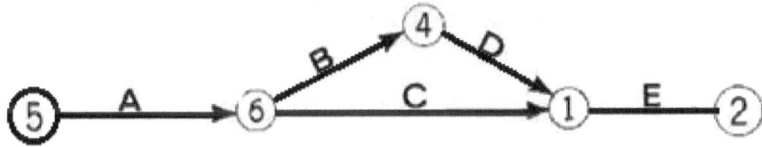

Figura 2.14

Normalmente, y para facilitar el orden de realización, es preferible la enumeración secuencial, aunque se efectúen los cómputos a mano.

2.8 Tiempo de preparación y restricciones externas del proyecto

Generalmente en los modelos de red para proyectos hay un tiempo de preparación antes de ejecutarlos. En este tiempo, se realiza una serie de actividades restrictivas, por ejemplo: petición de autorización, espera de la última decisión para el lanzamiento del proyecto, preparación de financiación, condiciones estacionales, etc.

El tiempo de preparación se representa con una línea sinuosa ~~®con tiempo 0 de duración. Aplicándolo a nuestro ejemplo anterior será:

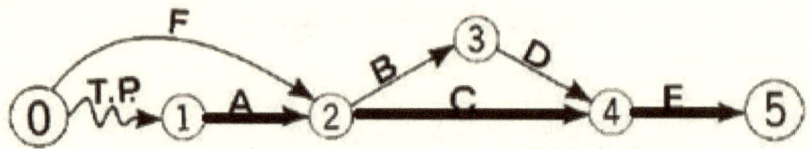

Figura 2.15

Si añadimos una actividad restrictiva (la actividad F), que por ejemplo puede ser autorización gubernamental. En este diagrama de flechas la actividad F no es una actividad interna de la ejecución del proyecto.

Vemos que en la figura 2.15 la flecha de la actividad F apunta al suceso 2; esto quiere decir que para empezar la construcción de las actividades B y C es preciso tener la autorización en regla.

También podemos interpretar el suceso 0 como el comienzo del proyecto, Y el suceso 1 como el comienzo de la ejecución del mismo.

2.9 Flechas ficticias

En un diagrama de flechas, muchas veces existe una relación de precedencia entre dos actividades, pero no porque se requiera previamente ningún trabajo, ni recurso, ni tiempo, sino por circunstancias especiales, como veremos en los siguientes ejemplos. En estos casos para expresar la conexión de estas actividades se crea una flecha ficticia, representada con una línea punteada (- - - ->)

En muchos diagramas, suele ocurrir que entre el mismo suceso inicial y el final, aparecen paralelamente varias actividades, como en el siguiente ejemplo:

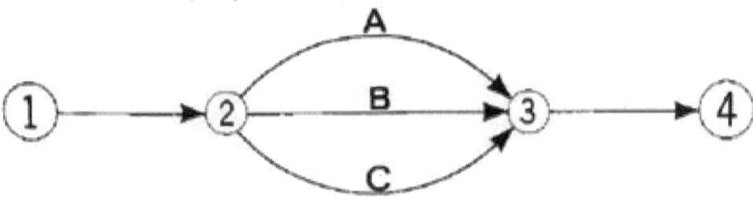

Figura 2.16

En tal caso, para el cálculo de la duración del proyecto a mano no importa mucho que las tres actividades se numeren de la misma forma (2, 3), ya que podemos llamar a las mencionadas actividades por sus nombres A, B y C; pero para el uso del ordenador, no se pueden describir tres actividades con la misma enumeración (2, 3).

Para evitar esta confusión se pueden crear las actividades ficticias, aumentando los números de sucesos.

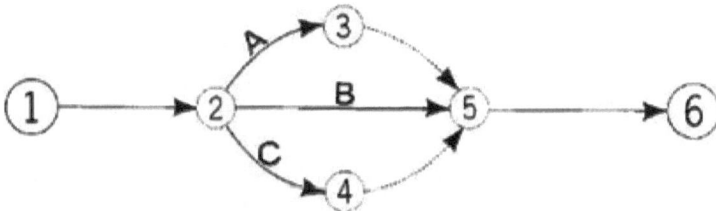

Figura 2.17

La enumeración nueva de nuestro ejemplo podrá hacerse de la siguiente forma:

Otra aplicación de las actividades ficticias es la designación específica de relaciones de precedencia de ciertas actividades, a pesar de que existen otras actividades que parten del mismo suceso inicial. Con nuestro ejemplo anterior, las actividades F y A están apuntando al suceso 2. Esto quiere decir que las actividades B y C pueden comenzar una vez terminadas las A y F.

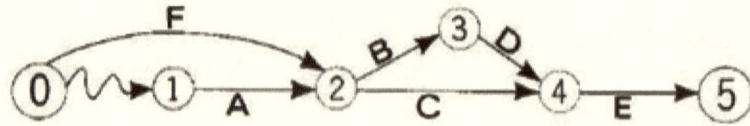

Figura 2.18

En caso de que la actividad F, sea sólo necesaria para la B, y no para la C, tenemos que trazar una flecha ficticia para marcar la relación de precedencia entre la A y B, separando la relación de precedencia de las F y C.

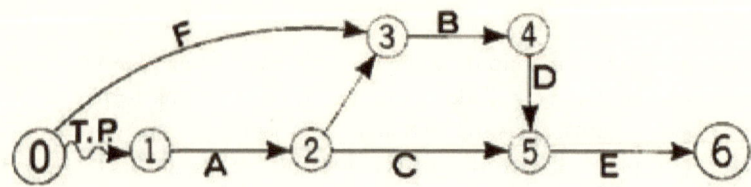

Figura 2.19

2.10 Procedimientos para dibujar la red de flechas

Antes de confeccionar cualquier red de flechas, se debe concretar el objetivo del proyecto, es decir, el último suceso del diagrama. Una vez conocido el objetivo, normalmente se suele hacer una lista de las actividades que posiblemente intervendrán en el proyecto.

Esta lista se puede hacer en una reunión, o bien consultando el planificador a los responsables del proyecto para ver cuál será el mejor modo de terminar el suceso final y, por tanto el proyecto, anotando las actividades necesarias.

Tanto en la reunión de todos los responsables como en la consulta particular de cada uno, el planificador tiene siempre presentes las siguientes preguntas a fin de relacionar las actividades en un orden lógico de realización en forma de red de flechas.

1. ¿Qué actividad debe preceder a ésta?
2. ¿Qué actividad puede seguir a ésta?
3. ¿Qué se puede realizar paralelamente al suceso inicial de ésta?

Volvamos al ejemplo anterior, en la figura anterior. Seleccionamos cualquier actividad; por ejemplo, la actividad C y hacemos las siguientes preguntas:

1. ¿Qué debe preceder a esta actividad C?
Siguiendo las exigencias del proyecto, la respuesta es:
la actividad A.

2. ¿Qué puede seguir a ésta?
La actividad E.

3. ¿Qué se puede realizar al mismo tiempo que esta actividad?
La actividad B.

Al realizar la B debe estar anteriormente terminada la F, pero exclusivamente para ésa, por eso se crea una actividad ficticia.

2.11. Ejemplo:

Antes de representar el proyecto en forma de red de flechas, es preciso terminar el análisis de actividades que van a intervenir. Supongamos que tenemos seis actividades bien definidas A, B, C, D, E y F, siendo las relaciones de precedencia entre ellas las siguientes:

1. A y B pueden comenzar simultáneamente después de la actividad de T.P. (tiempo de preparación).

2. Actividades C, D y E pueden empezar solamente cuando termine la A.

3. Al terminar la actividad B, se comienza sólo la E.

4. Antes de empezar la F, deben estar terminadas las C, D y E.
Ahora podemos dibujar la red paso a paso.

Para el primer paso podemos trazar las siguientes flechas:

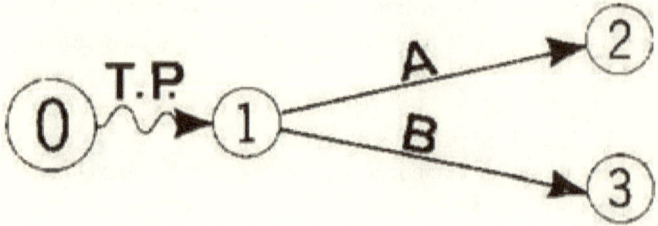

Figura 2.20

Tanto la longitud como la dirección de la flecha no tienen ningún significado vectorial.

Por eso, la forma de dibujar la red es completamente a gusto del planificador.

El segundo paso es el siguiente:

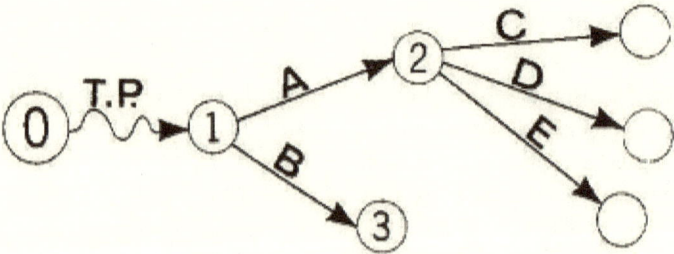

Figura 2.21

El tercer paso es añadir una actividad E después del suceso 3, pero uniéndose con la actividad A con una flecha ficticia.

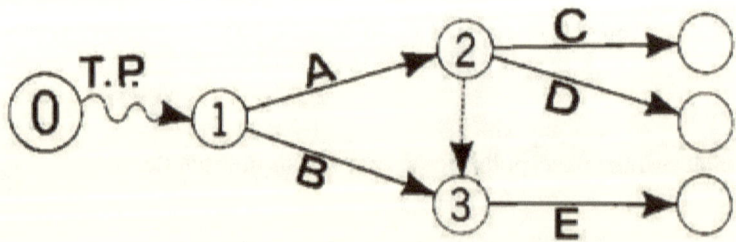

Figura 2.22

El cuarto paso es dibujar la actividad F detrás de las C, D y E.

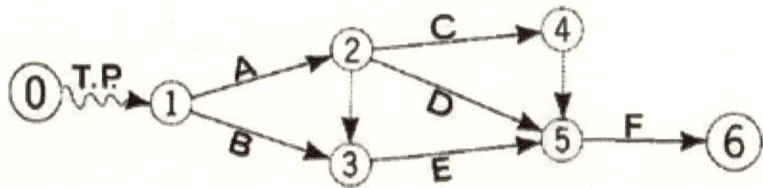

Figura 2.23

Para facilitar la denominación de las actividades con los números naturales, es conveniente crear otra actividad ficticia para la C o la D, aumentando un suceso entre (2) y (5) que es, en nuestra figura, el suceso 4.

El suceso 6 es el último del proyecto; también podemos llamarle suceso objetivo.

La red también puede dibujarse al revés, o sea, empezando por el final. Así el cuarto paso puede ser dibujado como primero.

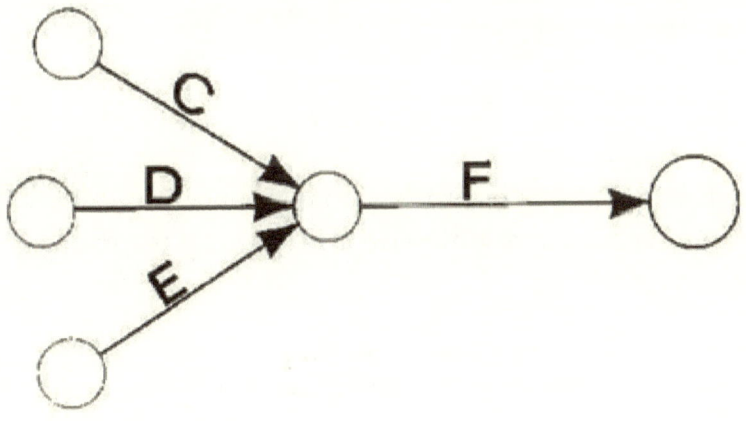

Figura 2.24

El tercer paso, como Segundo.

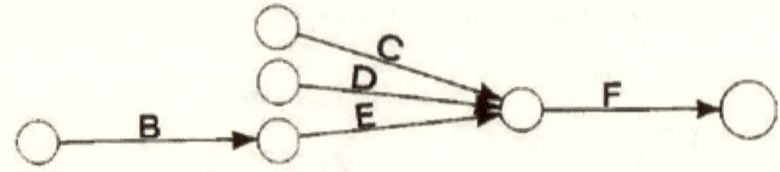

Figura 2.25

El segundo paso (como tercero) es unir las C, D y E con la A.
El primer paso (como cuarto) es terminar el suceso origen o sea el suceso inicial de la primera actividad:

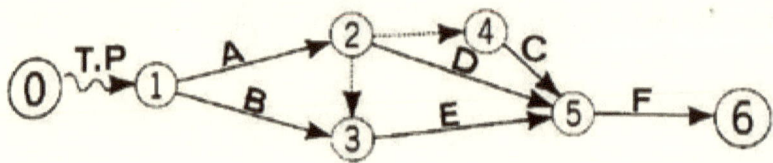

Figura 2.26

Pesar de que la numeración de la actividad ficticia entre (2) y (5) en el primer método es (4) y (5), y en el segundo es (2) y (4), la representación gráfica del proyecto es idéntica.

2.12. Cómputo de tiempo «lo más pronto posible» y «lo más tarde permisible» de comenzar y terminar una actividad:

Hasta ahora podemos decir que hemos terminado la fase de planificación y entramos en la fase de programación. La programación consiste en estimar la duración de cada actividad. Esta estimación puede ser determinístico o probabilística.

Vamos a ver primero la determinístico. Esto quiere decir que la duración será única y exacta.

Primero se construye el diagrama de flechas y se discute, entre los responsables que intervienen en el proyecto, sobre qué actividades son necesarias y qué relación de precedencia hay entre ellas.

Luego se estima la duración t (i, j) de cada actividad.

Ahora se calculan los tiempos de lo más pronto posible en que puede empezar y terminar una actividad, y lo señalaremos con t(i) y t (j) respectivamente.

Luego debemos determinar el *tiempo lo más tarde permisible* (t*) en que podemos terminar y comenzar. El tiempo lo más tarde permisible es muy importante, porque un retraso en cualquier suceso podrá arrastrar el retraso al último suceso.

El cómputo se hace desde el final del proyecto hacia el comienzo restando el tiempo de cada actividad.

2.13. Concepto de camino crítico y holguras de tiempo:

En cualquier proyecto, algunas actividades son flexibles, respecto a cuándo se pueden comenzar o terminar; otras no son flexibles, de forma que si se demora cualquiera de ellas, se retrasará todo el proyecto.

Estas actividades inflexibles se llaman críticas y la cadena de ellas forma un **camino crítico**. El camino crítico es la duración más larga a través del proyecto. Hay siempre por lo menos un camino crítico en cada proyecto, y muchas veces varias.

Las actividades incluidas en el camino crítico suelen ser del 10% al 20% de los totales.

Podemos definir el camino crítico como: "aquello en el cual las actividades no tienen holgura de tiempo para comenzar ni para terminar".

Desde el punto de vista de la dirección es muy importante estrechar la vigilancia sobre las críticas, ya que al retrasarse cualquiera de ellas se retrasa todo el proyecto.

Asimismo, no se deben dejar de controlar las actividades no críticas, porque a pesar de que tengan holguras de tiempo o margen libre para la realización de la tarea, tanto para comenzar como para terminar tienen su límite. Si se pasa este límite, se convierten en críticas.

Por esta razón es conveniente calcular la magnitud de estas holguras de tiempo.

En CPM llaman a las holguras de tiempo tiempos flotantes.

Existen cuatro clases de tiempos flotantes:

a) Flotante total.
b) Flotante libre.
c) Flotante independiente.
d) Flotante programado.

a) Flotante total

Se calcula la diferencia entre el tiempo lo más tarde permisible en que se puede terminar y el tiempo lo más pronto posible en que se puede comenzar una actividad, menos la duración de la misma.

El flotante total es la holgura que permite el que una actividad se pueda demorar sin afectar al tiempo programado en el proyecto.

Todas las actividades que tienen tiempos flotantes totales ceros, son actividades críticas.

b) Flotante libre

El tiempo flotante libre es la cantidad de holgura disponible después de realizar la actividad si todas las actividades del proyecto han comenzado en sus tiempos lo más pronto posible del comienzo.

O sea, la diferencia de los tiempos lo más pronto posible de comenzar y terminar menos la duración de la actividad.

El tiempo flotante libre, desde el punto de vista de la dirección es más interesante para el control del proyecto.

c) Flotante independiente

El flotante independiente es la holgura disponible de una actividad, cuando la actividad precedente ha terminado en el tiempo lo más tarde permisible, y la actividad subsiguiente a la considerada comienza en el tiempo lo más pronto Posible. Esta holgura es escasa, y a veces negativa.

d) Flotante programado.

El flotante programado tiene por objeto la distribución del tiempo flotante total de una sub ruta no crítica según algún criterio.

2.14. Un criterio para acortamiento de la duración de proyecto:

Como hemos visto, si queremos reducir la duración de un proyecto, es preciso acortar las duraciones de las actividades críticas.

Sin embargo, ¿qué actividades críticas acortamos? Prescindiendo del criterio del costo total mínimo, ahora sólo elegiremos las actividades críticas que se han de acelerar desde el punto de vista de su control. Usualmente acortar significa mayores costos.

2.15. Relación entre la duración y el costo directo de una actividad:

Si queremos acelerar la marcha de alguna actividad para reducir la duración del proyecto, es evidente que ello ocasionará un aumento de costo directo y a su vez una disminución en el costo indirecto.

Por otra parte, muchos proyectos nos han sido impuestos con la condición de que si no se terminan en la fecha del contrato, nos exigirán indemnizaciones y, en cambio, si adelantamos el proyecto nos concederá una bonificación.

Si queremos tener un juicio de si preferimos recibir una bonificación o una penalidad, es imprescindible tener un criterio de comparación.

Según este criterio se elige la combinación de duración-costo óptima entre un gran número de combinaciones alternativas. El método CPM nos proporciona una técnica para conocer la programación de un proyecto con la combinación costo-tiempo óptima.

Cada una de las actividades en el diagrama de flechas requiere cierta cantidad de tiempo para su terminación. Esta es la duración de la actividad. Sin embargo, existe no sólo una duración, sino que podemos elegir entre una serie de posibles duraciones. Con la duración más corta, el costo directo para la terminación de esta actividad aumenta. Una de las formas en que se hace es aumentando los turnos.

A medida que se aumentan los turnos, se incrementará el costo de la operación, pero siempre hay un tope, en el cual ya no se puede disminuir más la duración de la actividad, aunque se incremente el costo.

Es inconcebible que la disminución de duración pueda llegar a cero, aun cuando se utilicen todos los recursos de que se disponga.

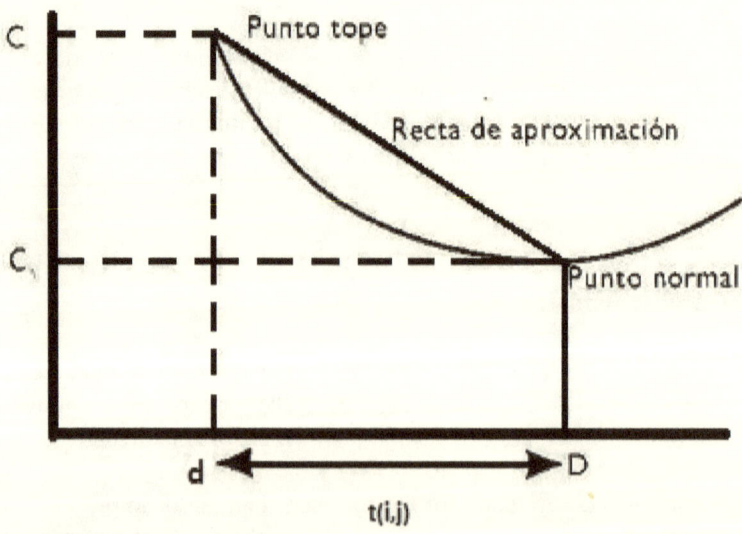

Figura 2.27 Costo Tiempo en CPM

A esta duración la llamaremos duración-tope con el signo d (i,j), y el costo de esta duración-tope, se denomina el costo tope (CT). El costo tope es el costo directo más elevado de la actividad.

Por otra parte, el costo más bajo de la actividad está relacionado con el punto de la duración normal. Más allá de esta duración será irreal pues se daría más tiempo, más costo. Este costo se llama costo normal (CN) y a la duración con el costo normal se le designa el nombre de la duración normal D (i, i).

El punto de intersección entre el costo normal y la duración normal en el gráfico se llama punto normal y el otro extremo el punto tope.

Entre la duración tope y la duración normal puede existir una gama continua de posibles duraciones.

Para el caso general, podemos trazar una curva continua de costo directo de una actividad que represente la relación entre la duración y el costo de la misma.

En la práctica, para facilitar el cálculo de costo-duración se sustituye la curva por una línea recta, uniéndose el punto tope con el punto normal; o también, se pueden trazar líneas poligonales convexas de más de un tramo rectilíneo entre los puntos normal y tope, según se muestra en la figura siguiente.

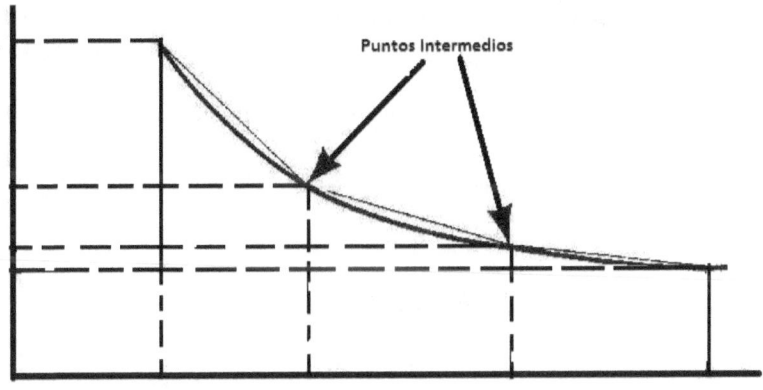

Figura 2.28 Puntos Intermedios

2.18. Programación por el método CPM

Ya hemos visto la relación de duración-costo de una actividad. Ahora podemos asegurar:

a) Que la duración total del proyecto no puede ser inferior a la suma total de las duraciones-topes de las actividades.

b) Que el mínimo costo directo total se da si todas las actividades han sido Programadas con duraciones normales.

El primer caso, lo llamamos todo tope duración del proyecto. El segundo, todo normal duración del proyecto. Entre estos dos extremos, existe un número infinito de combinaciones de duración-costo del proyecto. Pero sólo hay unas pocas que pueden llevar a cabo el proyecto con un costo total óptimo. El problema está en:

> 1. Identificar las actividades del proyecto que influyen en la duración de éste.

> 2. Especificar, para una duración determinada del proyecto aquella combinación de duraciones de actividades que dé lugar al costo total óptimo.

2.19 El uso del computador en la programación de proyectos:

Existe una gran cantidad de programas de computadora que nos pueden ayudar a la programación de proyectos, algunos de ellos en línea incluso.

Por ejemplo pueden encontrar para proyectos que no sean muy grandes, formatos de computadora para controlar proyectos de construcción utilizando Excel en las siguientes direcciones del Internet:

*1) http://*exceltotal.com/diagrama-de-gantt-en-excel

2) http://exceltotal.com/diagrama-de-gantt-en-excel-parte-2/

3) http://www.webandmacros.com/macro_excel_gantt.htm

Como las anteriores existen una gran cantidad de ellas con las explicaciones para utilizar las herramientas que ofrecen.

Crear programaciones de proyectos y mantenerlos al día para la mayor cantidad de los proyectos, puede ser una actividad que consuma mucha tiempo sí se hace manualmente. Por suerte, en el mercado existe una gran cantidad de software que puede ser adquirido.

Ahora bien, debemos de tener un gran cuidado cuando escojamos nuestro software para Programar y Controlar los proyectos de construcción. Debemos de escoger el mismo, tomando en cuenta muchos factores que incidirán en que esa herramienta que adquiramos sea la adecuada para el tipo de proyecto de construcción a la que nos estemos dedicando.

Aunque muchos programas de computadora hacen el trabajo de programación y control de proyectos, no todos hacen lo mismo y uno más que otro puede ofrecer una diversidad de resultados, tales como:

- Gráficos de Costo.
- Gráficos de Agendas.
- Creación de reportes estándar y adaptados a necesidades específicas.
- Disponibilidad y necesidades de recursos.
- Permiten hacer cambios en varios aspectos a medida que avanza el proyecto.
- Se pueden controlar varios proyectos al mismo tiempo.
- Varias personas autorizadas pueden acceder a la herramienta al mismo tiempo.
- Cálculo de la Ruta Crítica del Proyecto.
- Establecer diferentes alternativas.
- Informes de problemas potenciales.
- Integración con la requisición y compra de materiales.
- Producción de gráficas de calidad para realizar presentaciones.
- Muestra datos actuales y planeados simultáneamente.
- Completa análisis de costos.
- Entre muchas otras actividades.

En estos tiempos virtuales, en estos mundos virtuales, también necesitamos herramientas virtuales y los software de programación y control de proyectos tienen en estos días la capacidad de que se puedan comunicar diferentes miembros del equipo, aún se encuentren a gran distancia unos de otros.

Podemos dividir el software de programación y control de proyectos en tres grandes categorías, basadas en las funciones y lo que provee cada uno de ellos. **Estos son:**

1. Programas para un solo proyecto.
2. Programas para un nivel corporativo.
3. Programas para Mega Proyectos.

Los primeros, es decir **los programas para un solo proyecto**, como su nombre lo indica sirven para un proyecto a la vez. Son relativamente fáciles de utilizar y sus resultados son fáciles de entender. La mayor parte de ellos puede proveer gráficos de Gantt en diferentes formatos y diagramas de redes tales como PERT. Igualmente nos brinda una serie de controles de costo y de otros recursos.

Este tipo de programa es excelente para proyectos con menos de 200 actividades. Su costo ronda los US$200.00

Los programas para nivel corporativo: Existe una gran cantidad de programas en el mercado para esta categoría, que además de todas las capacidades del anterior, poseen mucha más flexibilidad para realizar cambios y su costo es cinco veces mayor que los anteriores.

Los Programas para Mega Proyectos: Su costo es enorme y se utilizan específicamente para grandes proyectos de Ingeniería, Minería, Industria Aeroespacial, industria de armas, etc.

Debemos escoger con cuidado, de acuerdo a nuestras actividades particulares, cuál tipo de programa escoger. De la misma forma, debemos recordar que existen cosas que los software de programación y control de proyectos no pueden hacer:

- Estos Software no pueden reunir los datos que se necesitan para alimentar al programa.
- No son capaces de tomar decisiones.
- No pueden resolver problemas que requieran juicios subjetivos.

- No se pueden comunicar por ustedes.

Como dijimos anteriormente, contamos con una gran cantidad de programas para controlar proyectos de construcción a pequeña y gran escala, producidos por las grandes empresas de software entre los que mencionaremos:

EMPRESA	NOMBRE PRODUCTO
AEC Sofware, Inc. www.aecsoft.com	Fast Track
Artemis Management Systems www.artemissoftware.com	Powerplay, Global Views, Artemis
Ballantine & Co., Inc. www.ballantine-inc.com	Quick Gantt & Quick Assist
Enact www.enact.cc	Project Collaboration Tools
Microsoft, Inc. www.microsoft.com	MS Project
Primavera Systems, Inc. www.primavera.com	Primavera Project Planner
Project Invision International www.projectinvision.com	Project & Portafolio Management

Uno de los más utilizados es Microsoft Project, el cual es una herramienta extraordinaria para la programación y el posterior control de los proyectos.

Se ofrecen en toda América Latina, cursos, seminarios y diplomados para enseñar a utilizar estas herramientas que facilitan nuestra labor como administradores de la construcción.

Debemos saber que los diferentes programas de programación y control de proyectos existen para todas clases, tamaños y complejidades y la mayor parte corre en las computadoras personales

La mayor parte de los programas incorpora herramientas de comunicación en redes internas, así como en la web. Igualmente pueden reunir información y presentar reportes de diferente índole.

Para sacar el mejor de los beneficios de su software de programación y control de proyectos, se debe escoger el que vayamos a utilizar de forma muy cuidadosa

Por último, debemos de destacar que ningún programa de computadora puede reemplazar la comunicación, negociación, y muchas otras habilidades requeridas para gestionar un proyecto.

2.20 Recursos en la Web para los Administradores de Proyectos:

En la web, existe una gran cantidad de recursos que pueden ser utilizadas por los Administradores de la Construcción encargados de la programación de proyectos. Dentro de estos web sites podemos encontrar una gran cantidad de información, entrenamientos especiales para Managers de Proyectos, así como también acceso a asociaciones importantes en los Estados Unidos y el mundo entero.

1) Project Management Institute
www.pmi.org

El Project Management Institute es una organización no gubernamental sin fines de lucro, dedicada al entrenamiento de los Project Managers, así como a la actualización de los mismos de todos los avances que se realizan en esta importante área de los Proyectos de Construcción en nuestro caso.

El instituto publica una revista especializada que incluye artículos de fondo de procedimientos, experiencias y nuevas técnicas del Project Management. Igualmente ofrece a sus miembros seminarios regulares y cursos.

También ofrece un programa de Certificación en Project Management.

2) PRINCE2
www.get-best-practice.co.uk

PRINCE2 sería el análogo de PMI, pero en el Reino Unido.

3) Project Management International
www.infoser.com/infocons/pmi/

Este web site provee información sobre el Project Management, sus actividades y recursos disponibles en todo el mundo.

4) One Page Project Management
www.oppmi.com

Aquí puede encontrar todo lo referente a este método de programación en una sola hoja. De hecho, el ejemplo que sigue a continuación será realizado con este método. En la dirección web que se adjunta se pueden adquirir los libros y permisos del mismo.

5) Smartsheet
www.smarsheet.com

En esta página encontraremos un sistema simple y sencillo de realizar programación de proyectos con calidad profesional.

2.21 Ejemplo de Programación de una Villa Turística

Podemos ver los planos de la villa y su correspondiente presupuesto en la sección de los anexos

Primer Paso es realizar un listado de las actividades más relevantes de obra

Segundo Paso es establecer la relación de precedencias de una actividad en relación a la otra

El tercer paso es determinar el costo de cada actividad y de esta forma estaremos trabajando para la realización posterior de los flujos de egresos que junto a los flujos de ingresos nos dará la necesidad o no de apalancamiento.

Para nuestro ejemplo utilizaremos el método de One Page Project Management (OPPM).

En la página siguiente se encuentra el listado de las actividades. Se pueden ver todos los planos, presupuestos y programación directamente, visitando la página: www.admconstruccion.blogspot.com

Fig. 2.29 Villa en Los Cacaos

LISTADO INICIAL DE
ACTIVIDADES DEL PROYECTO

PROYECTO: VILLAS GUAVABERRY

Listado de Actividades de la Programación				Mayo de 2013	
No.	Actividad	Duración (Días)	Precedencia	Costo Actividad	Observaciones
1	INGENIERÍA	1	-	10,000.00	
2	LIMPIEZA Y ACONDICIONAMIENTO SOLAR	2	1	5,000.00	
3	CASETA PARA MATERIALES	1	2	20,000.00	
4	REPLANTEO (MT2)	1	2	6,979.86	
5	FUMIGACIÓN	1	6	6,760.80	
6	EXCAVACIÓN EN ROCA	12	4	33,715.00	
7	Relleno	2	11	54,308.80	
8	Zapatas	1	6	88,375.00	
9	Columnas	1	8	2,660.00	
10	Bloques	3	8	39,492.80	
11	H.A. LOSA DE PISO CON MALLA E=0.10MT	2	10	72,800.00	
12	Columnas 1er nivel	2	11	10,450.00	
13	Dinteles	4	16	10,885.00	
14	Vigas	14	13	55,314.00	
15	H.A. LOSA PLANA	14	13	95,781.00	
16	Bloques 1er nivel	7	11	114,802.00	
17	FRAGUACHE	1	15	2,712.00	
18	PAÑETES	14	17	290,383.60	
19	Pisos en General	14	18	159,388.00	
20	ESCALERA	12	18	125,000.00	
21	Revestimientos Cerámicas	14	18	80,685.00	
22	INSTALACIÓN SANITARIA	120	10	316,300.00	
23	COCINA	20	10	138,000.00	
24	Puertas y Ventanas	14	20	323,622.00	
25	Pintura en General	10	18	85,673.85	
26	HORMIGÓN ARMADO 2do nivel	14	27	69,370.00	
27	BLOQUES	7	15	96,000.00	
28	Techos Terminados en madera y Teja	12	26, 18	493,183.60	
29	INSTALACIONES ELECTRICAS INTERIORES	120	10	200,000.00	
30	PERGOLADO MADERA PINO TRATADO	7	28	90,000.00	
31	PISCINA Y ENTORNO	30	26	300,000.00	
32	JARDINERIA	21	30	75,000.00	
	SUBTOTAL			3,472,642.31	
	GASTOS GENERALES E INDIRECTOS				
	Dirección Técnica	10.00%		347,264.23	
	Administ y Transporte	6.00%		208,358.54	
	Seguros y Fianzas	6.80%		236,139.68	
	TOTAL GENERAL			3,708,781.99	

Luego de tener el listado de actividades con sus correspondientes precedencias, procedemos a realizar una nueva escogencia de actividades para reducir su número.

Procedemos finalmente a llenar el formato de OPPM para la elaboración final de la programación del proyecto en una sola hoja.

Luego de esto colocamos las actividades con su tiempo de ejecución en el formato de OPPM. El resultado final será una programación completa del proyecto y nos permite igualmente tener los costos de construcción mes por mes que nos ayudará con el flujo de ingresos y egresos y esto nos permitirá ver la cantidad de apalancamiento que necesitemos.

Este método es sumamente útil y pueden encontrar una gran cantidad de información en su página web: www.oppmi.com

Listado de Actividades Simplificadas

PROYECTO: VILLAS GUAVABERRY					
Listado de Actividades de la Programación				Mayo de 2013	
No.	Actividad	Duración (Días)	Precedencia	Costo Actividad	Observaciones
1	Preliminares	5	-	41,979.86	
2	FUMIGACIÓN	1	3	6,760.80	
3	EXCAVACIÓN EN ROCA	12	1	33,715.00	
4	Relleno	2	7	54,308.80	
5	Zapatas	1	1	88,375.00	
6	Columnas	1	5	2,660.00	
7	Bloques	3	5	39,492.80	
8	H.A. LOSA DE PISO CON MALLA E=0.10MT	2	7	72,800.00	
9	HORMIGÓN ARMADO 1er nivel	32	10	172,430.00	
10	Bloques 1er nivel	7	8	114,802.00	
11	PAÑETES EN GENERAL	15	9	293,095.60	
12	Pisos en General	14	11	159,388.00	
13	ESCALERA	12	11	125,000.00	
14	Revestimientos Cerámicas	14	11	80,685.00	
15	INSTALACIÓN SANITARIA	120	10	316,300.00	
16	COCINA	20	10	138,000.00	
17	Puertas y Ventanas	14	12	323,622.00	
18	Pintura en General	10	12	85,673.85	
19	HORMIGÓN ARMADO 2do nivel	14	20	69,370.00	
20	BLOQUES	7	9	96,000.00	
21	Techos Terminados en madera y Teja	12	19	493,183.60	
22	INSTALACIONES ELÉCTRICAS INTERIORES	120	8	200,000.00	
23	Exteriores	45	19	465,000.00	
	SUBTOTAL			3,472,642.31	
	GASTOS GENERALES E INDIRECTOS				
	Dirección Técnica	10.00%		347,264.23	
	Administ y Transporte	6.00%		208,358.54	
	Seguros y Fianzas	6.80%		236,139.68	
	TOTAL GENERAL			3,708,781.99	

Formato tipo de OPPM

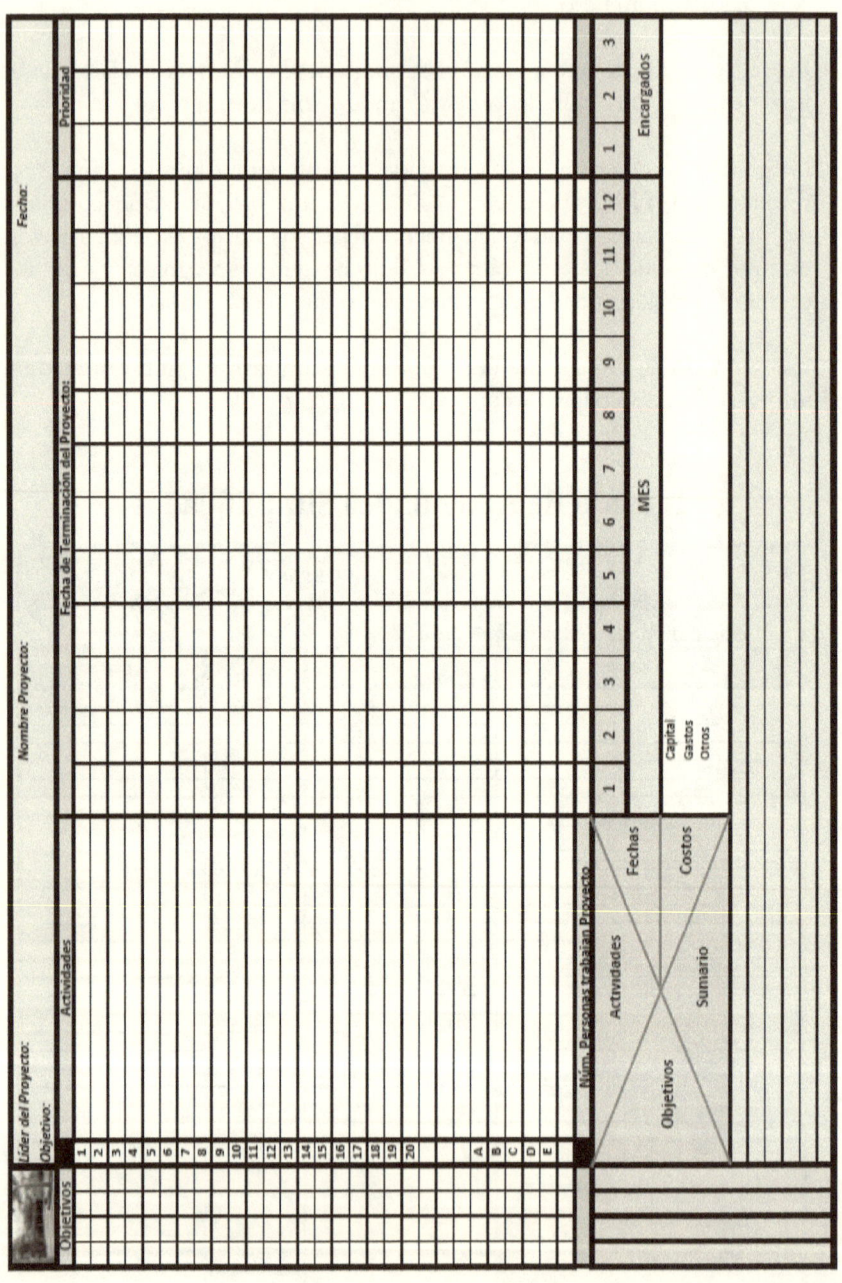

Programación Final

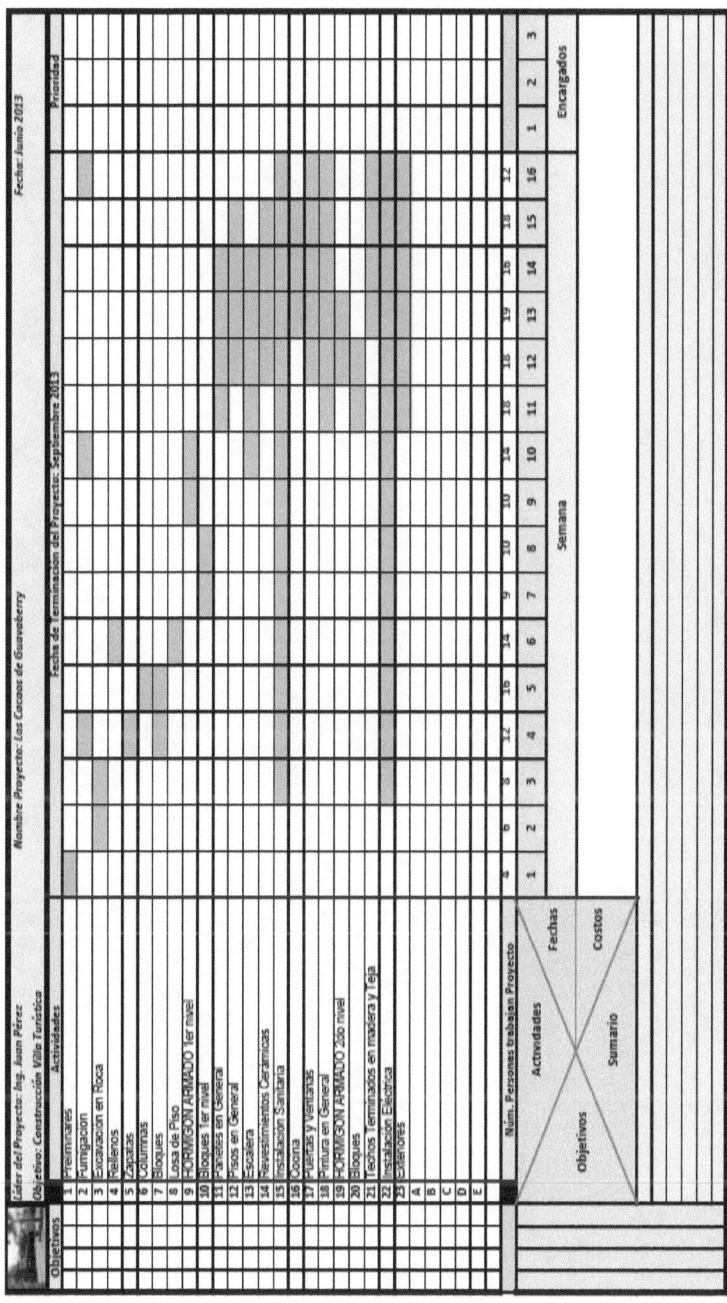

Capítulo III: Principios Básicos Ingeniería Económica

3.1 Conceptos Básicos:

Posiblemente no exista una herramienta más importante para el ejercicio de un profesional de la ingeniería y la construcción que la ingeniería económica.

La ingeniería económica es una recopilación de técnicas matemáticas que simplifican las comparaciones económicas. Es entonces una herramienta de ayuda para la toma de decisiones de proyectos de inversión.

Es común escuchar la expresión que reza: "El dinero va donde hay dinero", esto así ya que por ejemplo sí una persona posee una cantidad de dinero y lo deposita en el banco, al otro día tendrá más dinero y éste es el precisamente el concepto más importante de la Ingeniería Económica: El valor del dinero en el tiempo.

La manifestación del dinero en el tiempo, es lo que denominamos: INTERES.

3.1.1 Interés:

El Interés es un valor que se carga por el uso del dinero de otra persona. Este valor depende de la cantidad que se tome prestada, así como del tiempo que dure la operación.

Siempre que se pida dinero prestado o se invierta en el mismo, una parte actúa como prestador y la otra parte como prestatario. El prestador es quien pone el dinero y el prestatario es quien toma el préstamo y pago entonces un interés al prestador por el uso del mismo.

3.1.2 Tasa de Interés:

La tasa de interés es el porcentaje que se cobra por una cantidad prestada de dinero en un tiempo específico (usualmente 1 año), aunque en muchos casos las tasas de interés se expresan en periodos mensuales.

Generalmente, las tasas de interés dependen directamente de las condiciones económicas y las políticas monetarias del país, así como del riesgo que viene asociado con la actividad intrínseca del tipo de préstamo y de la industria a la que se le presta.

3.1.3 Concepto de Equivalencia:

El valor del dinero en el tiempo y la tasa de interés utilizados al mismo tiempo, da como resultado el concepto de equivalencia, lo que significa que sumas de dinero diferentes en tiempos diferentes pueden dar como resultado que sean iguales en valor económico.

Esto lo podemos visualizar con el siguiente ejemplo:

Ejemplo 3.1

Suponiendo que Ud. Tenga hoy $1,000,000
Tasa de interés anual = 12%
Tiempo de la inversión = 1 año

Luego de que pase ese año, tendremos una suma acumulada de $1,120,000

Entonces simplemente el $1,000,000 **equivale** a $1,120,000 en un término de un año a un 12% de interés anual.

3.1.4 Alternativas

Tal como su nombre lo indica, una alternativa es una opción para una situación específica.

En el campo de la ingeniería económica, siempre existen varias formas para llevar a cabo una tarea específica. Para comparar todas estas alternativas, es necesario poseer la preparación y la experiencia necesarias, para poder escoger la mejor alternativa de todas.

En nuestro caso, el negocio de la construcción, evaluamos las alternativas tomando como base de comparación el dinero, aunque en algunos casos existen factores intangibles que igualmente deben ser tomados en cuenta.

3.1.5 Tasa Mínima Atractiva de Retorno (TMAR)

Cuando una persona invierte dinero en un negocio, espera un beneficio justo, un retorno atractivo, de su inversión.

Para calcular la tasa de retorno, se hace exactamente de la misma forma que cuando calculamos la tasa de interés, así:

TR = (Utilidad/Inversión Original)100%

Utilidad = Cantidad de dinero recibida – Inversión Original

TR = Tasa de Retorno

Ambos términos, interés y Tasa de Retorno se pueden utilizar por igual en algunos casos, aunque generalmente la Tasa de Retorno es usada para determinar el grado de rentabilidad de una inversión, en tanto el Interés se utiliza cuando se solicita capital para un préstamo o cuando se deposita en un banco como una inversión.

Como expresamos anteriormente, cuando invertimos dinero, esperamos un retorno que sea atractivo para nuestra inversión y se aspira una tasa que justifique los riesgos de esa decisión, esta es una situación que no siempre es comprendida por muchos inversionistas y cada vez que se invierte se debe tener en cuenta que a mayor tasa de retorno tendremos mayor riesgo del capital invertido.

Una tasa de retorno atractiva, en consecuencia, debe ser mayor que alguna tasa de retorno establecida (que puede ser recibida de algún banco o de una inversión considerada como muy segura por el inversionista sin mucho riesgo e incertidumbre).

Esta tasa razonable, es lo que llamamos la tasa mínima atractiva de retorno (TMAR).

Más adelante en este mismo capítulo, trataremos este tema con mayor profundidad, y veremos cómo utilizaremos la Tasa Mínima Atractiva de Retorno (TMAR), como una herramienta sumamente efectiva en la toma de decisiones de los proyectos de inversión que se realizan en la Industria de la Construcción.

3.1.6 El Interés Simple

El interés simple podemos definirlo como un porcentaje fijo del capital inicialmente invertido o tomado prestado (El Principal), de esta forma:

$$I = n*i*P$$

Donde:

I = Cantidad total del Interés Simple
n = periodo del préstamo
i = tasa de interés (expresada como un decimal)
P = Principal (Capital inicial)

Es bueno destacar que en la fórmula tanto n como i, se encuentran en la misma unidad de tiempo (sea mensual o anual).

Usualmente, cuando se realiza un préstamo con interés simple no se realizan pagos sino hasta el final del periodo del préstamo, que es cuando se paga tanto el principal como el interés acumulado y la cantidad entonces se puede expresar como sigue:

$$F = P + I = P(1 + n*i)$$

Donde:

F = Valor Futuro de la inversión

Ejemplo 3.2:

Una persona posee $150,000 en una cuenta corriente de banco sin ningún beneficio y decide poner esta cantidad en un certificado financiero a una tasa anual de un 8%, por un trato con el banco, esta persona se compromete a no sacar el dinero durante tres años y recibirá en ese término tanto el capital como el interés simple acumulado en estos tres años. Cuánto recibirá esta personal al final del tiempo de la inversión?

Entonces:

F = P(1 + n*i)

F = \$150,000(1 + (3)(0.08) = \$186,000

Es pertinente que expresemos, que cuando tenemos más de un periodo de interés, debemos de considerar el interés compuesto.

3.1.7 El Interés Compuesto

Cuando el Interés se capitaliza, el tiempo total se divide en varios periodos de interés (un año, un trimestre, un cuatrimestre, un mes, por ejemplo). Este interés se acredita al final de cada periodo establecido de interés y se deja acumular de un periodo al siguiente, es decir que se calcula interés sobre interés ya ganado.

Así sale la fórmula del interés compuesto:

$I_1 = i{*}P$

La cantidad total acumulada entonces sería:

$F_1 = P + I_1 = P + i{*}P = P(1 + i)$

Para el segundo periodo, el interés se calcularía de la siguiente forma:

$I_2 = i{*}F_1 = i(1 + i)P$

Quedando la cantidad total acumulada en:

$F_2 = P + I_1 + I_2 = P + i{*}P + i(1 + i)P = P(1 + i)^2$

Y así sucesivamente, quedando entonces lo que llamamos la ley del interés compuesto

$$F = P(1 + i)^n$$

En donde:

F = Valor Futuro de la Inversión
P = Valor Presente o actual
i = Interés
n = Cantidad de periodo en que se capitaliza este interés

Ejemplo 3.3:

Sí tomamos el ejemplo anterior y se pone el dinero en el mismo certificado financiero, es decir $150,000 a una tasa de un 8% capitalizado anualmente, por un trato con el banco, esta persona se compromete a no sacar el dinero durante tres años y recibirá en ese término tanto el capital como el interés compuesto acumulado en estos tres años.

Cuánto recibirá esta personal al final del tiempo de la inversión?

$$F = P(1 + i)^n$$

$$F = \$150,000(1 + 0.08)^3$$

F = \$188,956.8

Sí lo comparamos con el resultado anterior, vemos que con el interés compuesto obtuvimos extra la suma de $2,956.8 es decir un 1.97% adicional de retorno de nuestra inversión.

Ejemplo 3.4:

Sí repetimos la operación, considerando ahora que nuestra inversión de los $150,000 a la misma tasa de interés de un 8% anual, pero capitalizable mensualmente, tendríamos

i = 0.08/12 = 0.0067% mensual
n = 3*12 = 36 meses

Entonces:

$$F = \$150,000(1 + 0.0067)^{36}$$

F = $190,762.81

Una sorpresa agradable, como vemos, cambiando el periodo de capitalización hemos obtenido.

En los cálculos de interés compuesto, el interés para un periodo se calcula sobre el principal más la cantidad total de interés acumulado en periodos anteriores. Entonces, interés compuesto significa "Interés sobre Interés"

$1,806.01 es decir un 1.2% más que el mismo dinero capitalizado anualmente y 4,762.81 equivalentes a 3.18% más que si fuera interés simple.

Esto nos refleja de nuevo de forma clara el concepto del valor del dinero en el tiempo.

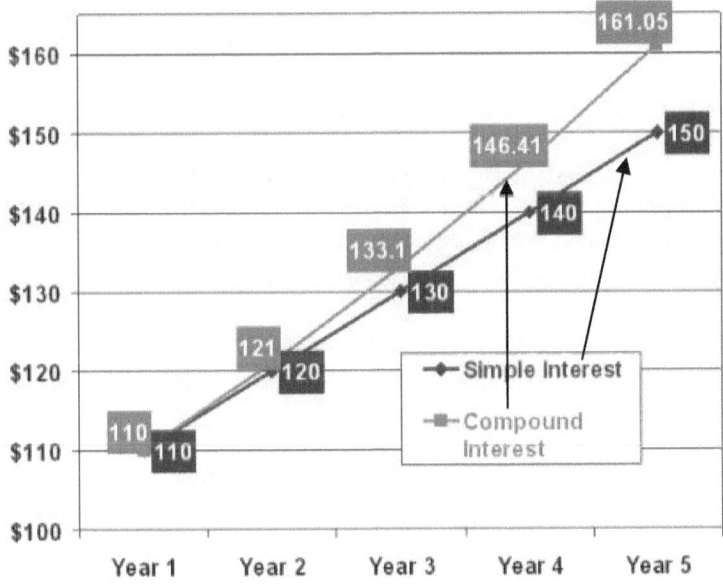

Fig. 3.1 Interés simple – Interés compuesto

3.1.8 La Inflación

La economía de los países y la dominicana no es la excepción, anualmente presente inflamación de sus bienes y servicios. Estos aumentos inflacionarios se expresan en porcentaje que se establecen anualmente.

La inflación como fenómeno económico tiene causas y consecuencias. Definir sus causas no es una tarea sencilla, pues el aumento generalizado de los precios suele convertirse en un complejo mecanismo circular, donde cada una de sus partes podría ser el punto de inicio.

Diversos teóricos y varias escuelas han ensayado diferentes explicaciones sobre los procesos inflacionarios, pero por lo general estas explicaciones se agrupan en tres categorías:

• Los que creen que su causa es el exceso de demanda agregada.

• Los que sostienen que su origen se encuentra en el aumento de los costos de producción.

• Los que plantean que es el resultado de rigideces propias de la estructura de toda sociedad.

Una de las explicaciones más aceptadas es la que sugiere que esta empieza a aparecer, cuando la cantidad de dinero en circulación aumenta a un ritmo mayor que el crecimiento de la economía nacional.

De una forma más fácil: Si el interés por comprar artículos sube (demanda), y la cantidad de artículos disponibles no aumenta (oferta), los precios se incrementan y surge de inmediato la inflación.

La Inflación suele tener múltiples causas simultáneas y a la hora de realizar un diagnóstico de la Inflación se deben tener en cuenta todas estas causas.

También se debe tener en cuenta otros aspectos como la historia, la cultura, la política, etc., elementos que tienen gran influencia en la formación de precios.

Por ejemplo, no es lo mismo que se produzca déficit fiscal junto a una devaluación en un país con monopolios o con historias de hiperinflaciones, que se produzca en un país que no sufrió Inflación en los últimos años y con mercados más competitivos.

Sí deseamos expresar como una formula el efecto de la inflación, entonces al costo presente de un artículo lo llamaremos CP, su costo futuro lo llamaremos CF.

Así:

$$CF = CP(1+\lambda)^n$$

Donde:

n = número de años

λ = tasa de inflación anual (expresada como un decimal)

Fig 3.2 La Inflación

Ejemplo 3.5

Sí construimos una vivienda para venderla posteriormente y el costo de la vivienda hoy es de $2,500,000. Luego de un año, cuánto costaría construir la misma vivienda, sí la tasa de inflación anual del país es de 9.7%

$CF = \$2,500,000(1+0.097)^1$

CF = 2,742,500

Debemos tener en cuenta que una economía inflacionaria el valor (poder de compra) del dinero decrece conforme el costo aumenta.

Es destacable también dejar claro que en países como el nuestro debemos de tener en cuenta igualmente el riesgo cambiario del dinero.

3.1.9 Los Impuestos y Depreciación

3.1.9.1 Los Impuestos

Los impuestos juegan un papel sumamente importante en la formulación y evaluación de proyectos y muchas veces se comete el error de no tomarlos en cuenta cuando comparamos alternativas.

Dentro de los impuestos que pagamos los ingenieros, arquitectos, constructores en general tenemos los siguientes:

a) Impuestos de construcción
b) Impuesto a la transferencia de bienes industrializados y servicios (ITEBIS) (Este el IVA en muchos países latinoamericanos)
c) Impuesto Sobre La Renta

Siempre debemos de comparar alternativas luego de impuestos y luego de aplicar las tasas de inflación pertinentes, ya que de esta forma estaremos realizando un trabajo más cercano a la realidad.

El tema de los impuestos viene íntimamente ligado a la contabilidad de la empresa y desde luego a las depreciaciones.

3.1.9.1 La Depreciación

La depreciación es una forma de tomar en cuenta el costo de un activo para propósitos de impuestos. El costo incluye los cargas por entrega e instalación, se manejan como un pago por adelantado de servicios futuros. La depreciación lo que hace es amortizar este pago a lo largo de la vida útil del activo (por ejemplo: maquinarias, vehículos, equipos, etc.)

La depreciación anual es la cantidad del costo del activo que se descuenta en un año específico.

La depreciación acumulada es el total de las depreciaciones anuales hasta la fecha.

El valor de salvamento también llamado **valor de recuperación** de un activo es el ingreso estimado que se obtendrá al final de la "vida útil" del activo en cuestión. Es decir que de un activo específico al final de su vida útil tendría un valor en libros de cero (0), pero podría tener un valor de salvamento o de recuperación diferente.

La Vida Útil, sobre la cual se deprecia un activo, puede ser diferente a su vida real de servicio, por eso es que sale el Valor de Salvamento o de Recuperación.

3.2 Diferentes Métodos de Depreciación

Existen diferentes métodos tradicionales de la depreciación de un activo a partir de su costo original, su vida útil y su valor de rescate.

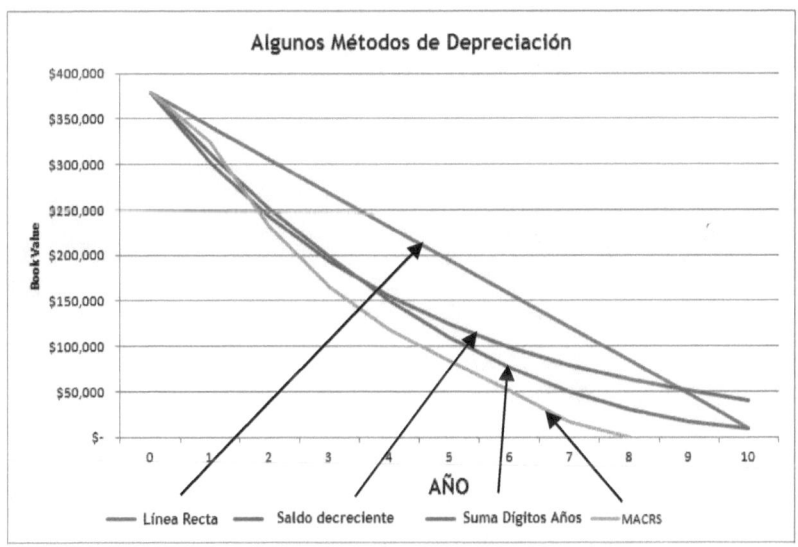

Figura 3.3 Gráfico de algunos métodos de depreciación

3.2.1 Método de la Línea Recta:

Este método establece que la depreciación anual en el año se divide proporcionalmente entre el número años de vida útil estimada del activo en cuestión.

Usualmente en La República Dominica, la Dirección General de Impuestos Internos (DGII) acepta la mayor parte de las depreciaciones en un término de 5 años, aunque existen casos específicos en que el tiempo de depreciación cambia considerablemente.

Cuando se realizan las depreciaciones, también se debe tomar en cuenta al final de la vida útil del activo que se trate, el costo de desmantelamiento del mismo, junto a su valor de rescate sí ya se encuentra establecido.

3.2.2 Método del Saldo Decreciente:

Existen activos que por su naturaleza se permite que su depreciación sea de forma geométrica en el tiempo.

De esta forma del saldo decreciente nos da como resultado una mayor participación en la depreciación en los primeros años de la vida del activo. Este método contrasta el de la línea recta, que es una depreciación constante.

Este tipo de depreciación se utiliza mucho en equipos electrónicos y computadores.

3.2.3 Método de Suma de Dígitos de los Años:

Se parece mucho al método anterior (Del Saldo Decreciente) en el sentido de que se deprecia mucho en los primeros años y se va haciendo más chico cuando llega al fin de su vida útil.

3.2.4 Método del Fondo de Amortización

Este método deprecia a un activo específico como sí la empresa fuera a realizar una serie de depósitos anuales iguales (fondo de amortización) cuyo valor al final de la vida útil del activo sea igual al costo de reemplazar ese activo.

Funciona contrario a los dos métodos anteriores, es decir que la depreciación es más grande al final de la vida útil del activo.

Existen otros métodos de depreciación que son utilizados en diversos países, pero los principales y más aceptados son precisamente los cuatro (4) que hemos mencionado anteriormente.

Figura 3.4 Ejemplos Activos Fijos

Existen igualmente otros métodos de depreciación de Activos que son utilizados comúnmente y que haremos mención a continuación:

- Método de las Unidades de Producción

- Doble cuota sobre valor en libro

- Método de Horas de Producción (se utiliza mucho en la depreciación de maquinarias de construcción, por ejemplo)

- Método basado en la actividad

- Entre otros

3.4 Fórmulas de Ingeniería Económica

En el acápite 3.1.7 vimos como:

$$F = P(1 + i)^n$$

En donde:

F = Valor Futuro de la Inversión
P = Valor Presente o actual
i = Interés
n = Cantidad de periodo en que se capitaliza este interés

Sí despejamos P en términos de F, nos queda entonces la expresión:

$$P = F / (1+i)^n$$

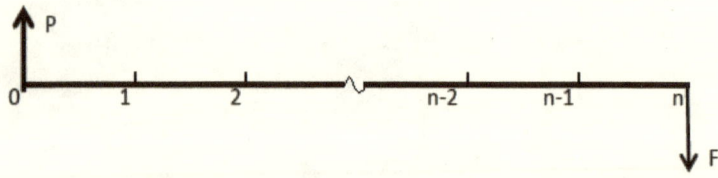

Fig. 3.5 Diagrama de flujo de caja

Cuando tenemos pagos uniformes (cuotas mensuales o anuales) tendríamos el siguiente diagrama de flujo de caja:

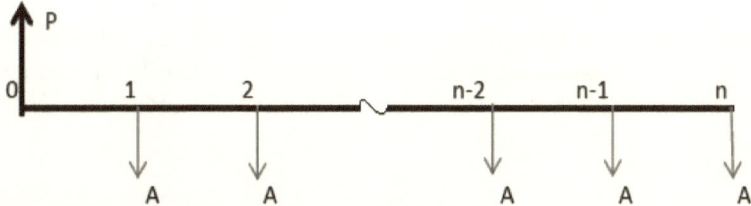

Fig. 3.6 Diagrama Flujo de Caja con anualidades

El valor presente de la serie uniforme que aparece en la figura 3.4, se puede determinar considerando cada valor de **A** como un valor futuro **F** y luego simplemente sumamos todos los valores.

Quedando la fórmula general como:

$$P = A[1/(1+i)^1] + A[1/(1+i)^2] + A[1/(1+i)^{n-1}] + [1/(1+i)^n]$$

Simplificando y Factorizando la ecuación, tenemos entonces:

$$P = A\{[(1+i)^n - 1] / [i(1+i)^n]\}$$

De la misma forma, despejando:

$$A = P\{[i(1+i)^n] / [(1+i)^n - 1]$$

La misma operación podemos hacerla en la Anualidad **A** y el Valor Futuro **F,** quedando entonces las fórmulas como:

$$A = F(i / [(1+i)^n - 1])$$

Sí despejamos F, nos quedaría:

$$F = A([(1+i)^n-1]/i)$$

A partir de todas estas fórmulas podemos resolver los problemas de ingeniería económica. En el pasado cuando no existían las calculadoras financieras se utilizaban tablas de factores que actualmente se encuentran en desuso.

Afortunadamente contamos no sólo con calculadoras financieras, sino también con el uso de programas de computadoras que nos hacen mucho más fácil nuestro trabajo de cálculo.

Es sumamente importante destacar que muchos de los problemas que encontramos en ingeniería económica se pueden visualizar mejor su solución, si hacemos un diagrama de flujo del mismo. Esto nos ayuda enormemente para poder escoger el mejor camino para resolver el mismo.

3.5 Tasa de Interés Nominal y Tasa de Interés Efectiva

A inicios del capítulo III, hablamos de los conceptos de Interés simple e interés compuesto, estableciendo que la diferencia básica entre ambos tipos de interés, es que en el interés compuesto se calcula interés sobre interés.

Esencialmente, la tasa de interés nominal y la tasa de interés efectiva tienen la misma relación que existe entre el interés simple y el interés compuesto. De esta forma cuando se utilizan periodos de capitalización menores a un año, se deben considerar los términos de tasa de interés nominal y la tasa de interés efectiva

3.5.1 Tasa de Interés Nominal

La tasa de Interés Nominal es la tasa de interés del periodo, multiplicada por el número de periodos en un año. De esta forma por ejemplo una tasa de interés de 1% mensual en un año, se puede expresar también como una tasa de interés nominal del 12% anual.

Obviamente, el cálculo por la tasa de interés nominal ignora el valor del dinero en el tiempo, al calcular las tasas anuales de interés como interés simple.

3.5.2 Tasa de Interés Efectiva

Cuando se considera el valor del dinero en el tiempo, al calcular las tasas anuales de interés de las tasas de interés por periodo, la tasa anual se denomina tasa de interés efectiva.

Fórmula para la Tasa de Interés Efectiva

La tasa de interés efectiva puede ser calculada con la siguiente fórmula a saber:

$$i = [1+(r/t)^t]-1$$

Donde:

i = tasa de interés efectivo por periodo
r = tasa de interés nominal
t = número de periodos de capitalización

3.6 La ingeniería económica y los criterios de evaluación en proyectos de inversión

Al momento de evaluar proyectos de inversión y alternativas operacionales, se aplican efectivamente los conceptos relacionados con la ingeniería económica, operativamente se hace uso de las matemáticas financieras.

Cuando se evalúan proyectos de inversión, se calculan las bondades que obtiene el inversionista de prestar su dinero al proyecto y no en otra alternativa similar, considerando por supuesto riesgos de inversión similares.

Un criterio es válido para evaluar proyectos y alternativas, siempre y cuando permita confirmar y aseverar que la situación económica del inversionista comparativamente se mejorara respecto al momento en la cual se efectúa la evaluación.

Cuando se evalúan alternativas de inversión, una de las restricciones más importantes a considerar es el dinero.

Este recurso es de alta importancia para el logro de los objetivos que se pueda querer conseguir con cualquier proyecto.

A través de las técnicas de la ingeniería económica se pueden determinar en general los siguientes aspectos que permiten evaluar la bondad de una alternativa de inversión:

- **Los ingresos de los proyectos:** al evaluar el proyecto se realiza un análisis de la velocidad de generar dinero ahora y en el futuro.

- **La inversión en el proyecto:** se debe de estimar los desembolsos a realizar en el proyecto.

- **Los gastos de operación del proyecto:** Son todos los desembolsos que se deben de efectuar, con la intención de convertir la inversión en los ingresos del proyecto.

En relación a los aspectos citados, salvo algunas excepciones, es deseable aumentar la velocidad de generación de dinero del proyecto a través del horizonte de evaluación, disminuir los desembolsos en inversión y los gastos de operación también disminuirán.

Los aspectos señalados deben ser considerados en cuanto a su impacto en el proyecto para realizar una efectiva evaluación.

3.7 Que es el Valor Económico Agregado

Solamente, cuando la rentabilidad de la inversión supere el costo de capital promedio ponderado, se puede decir que se generará valor económico para los propietarios de la empresa. Únicamente en este evento los inversionistas están satisfaciendo sus expectativas y alcanzando sus objetivos financieros.

3.8 Proyecto de Inversión y Riesgo

Un proyecto de inversión se puede entender como la oportunidad de efectuar desembolsos de dinero con las expectativas de obtener retornos o flujos de efectivo (rendimientos), en condiciones de riesgo. Cualquier criterio o indicador financiero es adecuado para evaluar proyectos de inversión, siempre y cuando este criterio permita determinar que los flujos de efectivo cumplan con las siguientes condiciones:

- Recuperación de las inversiones
- Recuperar o cubrir los gastos operacionales
- Obtener una rentabilidad deseada por los dueños del proyecto, de acuerdo a los niveles del riesgo de este.

El riesgo del proyecto se describe como la posibilidad de que un resultado esperado no se produzca. Cuanto más alto sea el nivel de riesgo, tanto mayor será la tasa de rendimiento y viceversa, de este nivel de riesgo se desprende la naturaleza subjetiva de este tipo de estimaciones.

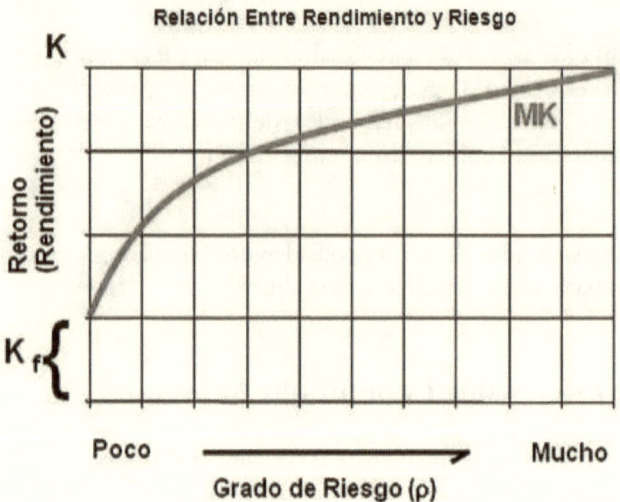

Fig. 3.7 Rendimiento Vs. Riesgo

3.9 Factibilidad Económica versus Factibilidad Financiera

En el ámbito de la evaluación de proyectos y la ingeniería económica, es de vital importancia comprender que a cada decisión de inversión, corresponde una decisión de financiación.

La condición fundamental es que la rentabilidad de la inversión, debe satisfacer la estructura financiera de la empresa. La decisión de inversión, tiene que ver con la estructura operativa de la empresa y con una de las funciones de la administración financiera que es definir donde invertir. Para poder tomar la decisión de invertir hay necesidad de definir los indicadores de gestión financiera que permitan establecer si la empresa cumple con su objetivo financiero básico y si los proyectos de inversión que enfrenta cotidianamente la acercan a su meta.

La decisión de financiación, otra de las decisiones fundamentales de la administración, tiene que ver con la estructura financiera de la empresa o proyecto, esta estructura se refiere a los dueños de los recursos (deuda o recursos propios), la cual tiene un costo que se denomina el costo de capital promedio ponderado. Al evaluar la estructura financiera del proyecto, interesa diseñar indicadores financieros que permitan identificar si los inversionistas o dueños de la empresa están alcanzando la meta financiera planteada.

3.10 Métodos de Evaluación de Alternativas

3.10.1 Valor Presente Neto

El Valor Presente Neto (VPN) también es llamado Valor Actual Neto (VAN) de una serie de flujos de efectivo dada es el valor que equivale a los flujos de efectivo llevados al año cero (0), es decir al principio del primer año.

Todas las alternativas se deben llevar a VPN para poder ser evaluadas las mismas y escoger la más conveniente de todas.

3.10.2 Valor Futuro

El Valor Futuro (VF) de una serie de flujos de efectivo dado es el valor equivalente a los flujos de efectivo, equivalentes a los flujos de efectivo llevados al final del año n.

3.10.3 Tasa Interna de Retorno

La tasa Interna de Retorno (TIR) para una serie de flujos de efectivo es aquel valor particular de la tasa de interés para el cual el VPN se hace cero.

Cuando la Tasa Interna de Retorno (TIR) es mayor que la Tasa Mínima Atractiva de Retorno (TMAR), el proyecto de inversión en viable.

3.10.4 Periodo de Recuperación

El periodo de Recuperación (PR) es el tiempo requerido para recuperar una inversión inicial, sin tomar en cuenta el valor de dinero en el tiempo.

Es importante destacar que el ingreso anual puede suponerse como el ingreso promedio con este método.

Debido a que el método del Periodo de Recuperación (PR) ignora el valor del dinero en el tiempo, no debe usarse en lugar de los métodos anteriores. Este método simplemente es valiosos como un análisis secundario, cuando se usan el Valor Presente Neto (VPN) y la Tasa Interna de Retorno (TIR) como los métodos de evaluación.

3.10.5 Razón Beneficio-Costo

El Método de La Razón Beneficio-Costo (B/C) se utiliza usualmente para evaluar proyectos sociales sean estos Municipales o del Gobierno Central o proyectos realizados por Organizaciones No Gubernamentales (ONG)

El Método evalúa los proyectos con relación a su costo y se define como:

$$B/C = (B-D)/C$$

Dónde:

B = El valor de los Beneficios asociados al proyecto,

D = El valor equivalente de las Desventajas del Proyecto, y

C = Costo Neto del Proyecto

Igualmente podemos definir el Valor del Beneficio Neto (VBN) como sigue:

$$VBN = B-D-C$$

Para que un proyecto sea viable entonces,

$$B/C > 1$$

$$ó$$

$$VBN > 0$$

Para la aplicación de este método se debe tener mucha experiencia en el área a evaluar ya que en muchas ocasiones la determinación de los valores involucrados es sumamente subjetiva.

En sentido general los métodos mencionados anteriormente son los que nos servirán para escoger entre las diferentes alternativas que se nos van a presentar en nuestra vida como ingenieros, arquitectos, promotores o inversionistas de proyectos de ingeniería.

ד

Capítulo IV: El Mercado

4.1 Introducción

Tal como ocurre en la mayor parte de las economías del mundo, la industria de la construcción ocupa un lugar importante dentro de la estructura productiva de la República Dominicana, con una gran participación del producto interno bruto (PIB).

Nos vamos a enfocar en este capítulo en el análisis de las fuentes de financiamiento de los desarrollos inmobiliarios, apuntando esencialmente a proyectos residenciales.

Sin embargo, gran parte de los conceptos pueden ser fácilmente aplicables a otros ámbitos.

4.2 Oferta y Demanda

4.2.1 Análisis de la Oferta

Oferta:

Es la cantidad de bienes o servicios que un cierto número de oferentes (productores) están dispuestos a poner a disposición del mercado a un precio determinado

El propósito que se persigue mediante el análisis de la oferta es determinar o medir las cantidades y las condiciones en que una economía puede y quiere poner a disposición del mercado un bien o servicio.

La oferta al igual de la demanda es función de una serie de factores como: los precios en el mercado del producto, los apoyos gubernamentales a la producción, etc.

4.2.2 Evaluación y Características de La Oferta

Evaluación

- Desarrollo histórico de la Oferta. Estudio de la Tendencia que ha mantenido.
- Condiciones de Operación en el área de producción
- Participación en el mercado
- Capacidad Instalada y Oferta Potencial
- Capacidad Real Utilizada (Oferta Real)
- Técnicas de producción utilizadas
- Antigüedad de los Equipos
- Costos de Producción

Características

- Localización de los Ofertantes
- Disponibilidad de Insumos y Materia Prima
- Asuntos Laborales
- Precio y condiciones de venta
- Liderazgos
- Asociaciones y Cámaras empresariales
- Apoyo de otras Empresas
- Problemas Financieros
- Proyectos Futuros. Expansión, Nuevos productos, etc.

Cómo analizar la oferta

Es necesario conocer los factores cuantitativos y cualitativos que influyen en la oferta. En esencia se sigue el mismo procedimiento que en la investigación de la demanda.

4.2.3 Situación Actual Oferta

- Nombre de la Empresa
- Años de Establecida la empresa
- Capacidad Instalada
- Capacidad Utilizada
- Turnos de trabajo
- Días de Trabajo al año
- Cantidad de personal
- Localización
- Procesos de producción
- Mercado y Línea de productos
- Problemas
    o Laborales
    o Financieros
- Planes
    o Expansión
    o Diversificación
- Participación actual en el Mercado
- Integración
- Precios y condiciones de venta

4.2.4 Técnicas de Comercialización de La Oferta

ELEMENTOS BÁSICOS DE LA MERCADOTECNIA:

- Mecanismos de Establecer Precios
- Promoción y Publicidad
- Sistematización Producción
- Políticas de Ventas
- Normas de Calidad
- Presentación de los Productos.

RÉGIMEN QUE PRESENTA EL MERCADO

Los Regímenes que pueden presentar son:
- Monopolio
- Oligopolio
- Competencia Monopolística
- Competencia Perfecta
- Monopsomio

SITUACIÓN FUTURA DE LA EMPRESA

Proyectar la Oferta Actual, de acuerdo con:
- Situación Actual
- Situación Futura
- Perspectivas

Se Debe enfatizar sobre:

- Uso Capacidad Ociosa
- Futuras Ampliaciones
- Aumento de la producción a bajo costo
- Nuevos Proyectos
- Evolución sistema Económico
- Políticas económicas.

4.2.5 Análisis de la Demanda

4.2.5.1 DEFINICIÓN:

Se entiende por demanda la cantidad de bienes y servicios que el mercado requiere o solicita para buscar la satisfacción de una necesidad específica a un precio determinado.

4.2.5.2 Cómo se Analiza La Demanda

Propósito: Medir cuáles son las fuerzas que afectan los requerimientos del mercado con respecto a un bien o servicio y determinar la posibilidad de participación del producto en la satisfacción de dicha demanda. La demanda es la función de factores tales como la necesidad del bien, su precio, el nivel de ingreso de la población, etc.

4.2.5.3 Análisis de la demanda

Se deben tomar en cuenta fuentes primarias y secundarias de información, como indicadores económicos, sociales, etc.

Para determinar la demanda se emplean herramientas de investigación de mercado (estadística y de campo) Se entiende por demanda el Consumo Nacional Aparente (CNA)

4.2.5.4. CNA

El CNA es la cantidad de determinado bien o servicio que el mercado requiere, y se puede expresar como:

Demanda = CNA = PN + I – E

CNA = Consumo Nacional Aparente
PN = Producción Nacional
I = Importaciones
E = Exportaciones

Cuando existe estadística, es fácil determinar cual es el monto y comportamiento histórico de la demanda

4.2.5.5 Tipos de Demanda

- **Demanda insatisfecha** (lo producido no alcanza a satisfacer al mercado)

- **Demanda satisfecha** (lo producido es exactamente lo que el mercado requiere)

- **Satisfecha saturada** (la que ya no puede soportar mayor producción del bien en el mercado)

- **Satisfecha no saturada** (aparentemente satisfecha pero se puede hacer crecer a través de herramientas de mercadotecnia)

4.2.5.6 Tipos de Demanda según su necesidad

Demanda de bienes sociales y nacionalmente necesarios (alimentación, vestido, vivienda, etc.)

Demanda de bienes no necesarios (consumo suntuario) (perfumes, ropa fina, etc.)

La compra de los segundos se realiza para satisfacer un gusto y no una necesidad.

4.2.5.7 Tipos de demanda según su temporalidad

Demanda continua: la que permanece durante largos periodos, normalmente en crecimiento. Ejemplo: demanda de alimentos: seguirá creciendo mientras crezca la población.

Demanda cíclica o estacional: se relaciona con los periodos del año, por circunstancias climatológicas o comerciales.

4.2.5.8 Tipos de Demanda según su Destino

Demanda de bienes finales: bienes adquiridos directamente por el consumidor para su uso o aprovechamiento.

Demanda de bienes intermedios o industriales: son los que requieren algún procesamiento para ser bienes de consumo final. (Ejemplo: maquila)

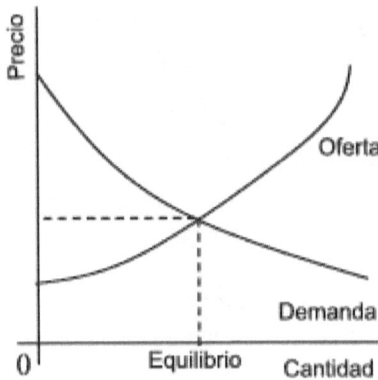

Fig. 4.1 Oferta y Demanda

4.3 Tasa Activa y Pasiva

Existen dos tipos de tasas de interés:

- **Tasa pasiva o de captación:** Es la tasa que pagan las entidades financieras por el dinero captado a través de CDs y cuentas de ahorros.

- **Tasa activa o de colocación:** Es la tasa que cobran las entidades financieras por los préstamos otorgados a las personas naturales o empresas.

La tasa activa o de colocación debe ser mayor a la tasa pasiva o de captación, con el fin que las entidades financieras puedan cubrir los costos administrativos y dejar una utilidad. La diferencia entre la tasa activa y la pasiva se le conoce con el nombre de margen de intermediación.

4.4 El mercado local

Existen diferentes cuestiones que hacen que el desarrollo inmobiliario en nuestro país sea de difícil ejecución.

Entre las más importantes para destacar son las siguientes:

- **Inflación**: El país fue víctima de la inflación en reiteradas oportunidades. Esta situación hace que se deba prestar especial atención a dicha problemática y estar siempre atento a los cambios en política económica. Afortunadamente en los últimos años, hemos tenido una situación de estabilidad que ayuda mucho.

- **Dolarización**: Todas las transacciones de inmuebles se hacen en dólares. Dentro de los costos hay algunos en pesos y otros en dólares.

- **Calidad Institucional:** En los últimos años La República dominicana ha sufrido un gran deterioro en el orden institucional y jurídico, el impacto de esta situación hace que el desarrollo económico sea de gran dificultad.

- **Falta de financiamiento/inversión**

- **Problemas en la Jurisdicción Inmobiliaria**, con el consiguiente atraso en la titulación de las propiedades

El mercado inmobiliario es uno de los que presenta un gran atractivo de rentabilidad económica y de fácil acceso; por esto, existen una importante cantidad de negocios llevados a cabo por emprendedores que no están relacionados con el sector.

Es importante diferenciar aquellas sociedades que están conformadas para el desarrollo de un único proyecto de aquellas que tienen como objetivo dedicarse plenamente a la actividad de la construcción.

4.5 La Economía de Escala

En microeconomía, se entiende por **economía de escala** las ventajas en términos de costes que una empresa obtiene gracias a la expansión.

Existen factores que hacen que el coste medio de un productor por unidad caiga a medida que la escala de la producción aumenta. El concepto de "economías de escala" sirve para el largo plazo y hace referencia a las reducciones en el coste unitario a medida que el tamaño de una instalación y los niveles de utilización de *inputs* aumentan. Frente al concepto anterior, las deseconomías de escala son lo contrario.

Las fuentes habituales de economías de escala son el inventario (compra a gran escala de materiales a través de contratos a largo plazo), de gestión (aumentando la especialización de los gestores), financiera (obteniendo costes de interés menores en la financiación de los bancos), marketing y tecnológicas (beneficiándose de los rendimientos de escala en la función de producción). Cada uno de estos factores reduce el coste medio a largo plazo de la producción al desplazar la curva de coste medio a corto plazo abajo y hacia la derecha. Las economías de escala también se derivan, parcialmente, del proceso de *learning by doing*.

El concepto de economías de escala es útil a la hora de explicar fenómenos del mundo real como los patrones de comercio internacional o el número de empresas en un mercado. Las economías de escala también juegan un importante rol en el "monopolio natural".

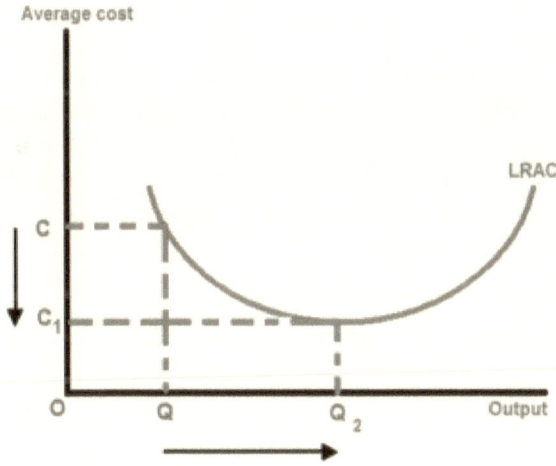

Figura 4.2 Economía de Escala

4.6 Los Monopolios

En este acápite se encontrará la definición de lo que es un Monopolio.

Éste se puede definir cuando en un mercado económico en la que hay un único vendedor o productor que oferta un producto para cubrir las necesidades de dicho sector.

Para tener éxito se debe tomar en cuenta de que no debe de existir la amenaza de entrada de otro competidor en el mercado.

Sin embargo, tenemos diferentes tipos de monopolios. Podemos mencionar, entre muchos, el Monopolio Natural que es creado por mandato del consumidor, el Monopolio Puro que es cuando existe solo un único vendedor en un mercado bien definido con muchos compradores, el Monopsonio que es cuando hay un comprado y muchos vendedores.

En el monopolio se establece un precio mayor y ofrece una cantidad menor que la competencia perfecta. Se puede imaginar que el monopolista elige el precio y deja que los consumidores decidan la cantidad que desean comprar de ese bien.

Ahora bien, como sabemos en qué punto maximizamos nuestras ganancias, la combinación de precio y producción que maximiza las ganancias se encuentra hallando la tasa de producción a la cual el ingreso marginal es igual al costo marginal y determinando entonces el precio máximo al cual puede venderse dicha cantidad, el cual a su vez, se obtiene a partir de la curva de demanda.

Podemos citar también las principales diferencias entre una empresa monopolista y una competitiva que es, en el caso del monopolio, hay un mayor margen para establecer el precio, aunque este control no sea absoluto.

La empresa monopolista tiene mayor libertad para ajustar tanto el precio como la cantidad producida en su intento de maximizar beneficios.

4.6.1 Qué es un Monopolio?

Situación de un sector del mercado económico en la que un único vendedor o productor oferta el bien o servicio que la demanda requiere para cubrir sus necesidades en dicho sector.

Para que un monopolio sea eficaz no tiene que existir ningún tipo de producto sustituto o alternativo para el bien o servicio que oferta el monopolista, y no debe existir la más mínima amenaza de entrada de otro competidor en ese mercado.

Esto permite al monopolista el control de los precios. **Para ejercer un poder monopolista se tienen que dar una serie de condiciones**:

1) Control de un recurso indispensable para obtener el producto

2) Disponer de una tecnología específica que permita a la empresa o compañía producir, a precios razonables, toda la cantidad necesaria para abastecer el mercado; esta situación a veces se denomina monopolio 'natural'

3) Disponer del derecho a desarrollar una patente sobre un producto o un proceso productivo

4) Disfrutar de una franquicia gubernativa que otorga a la empresa el derecho en exclusiva para producir un bien o servicio en determinada área.

Cuando un mercado presenta una composición de monopolio, simplemente existe una única firma que suple el bien o los bienes de una canasta específica de bienes.

En terminología de mercado se suele denominar monopolio "bueno" al que nace como consecuencia de la voluntad mayoritaria de los consumidores que, en un verdadero proceso democrático (de mercado) votan con sus compras y abstenciones de comprar a efectos de decidir cual es el proveedor que deberá prevalecer por sobre sus competidores.

Esta decisión es irreprochable desde el punto de vista democrático porque nace de la voluntad de la mayoría de los consumidores que, sin injerencia gubernamental, así han decidido asignar sus escasos recursos a quienes ellos consideran que mejor los satisfacen. La decisión en última instancia corresponde al consumidor, verdadero soberano del proceso de mercado.

Los economistas han desarrollado complejas teorías para explicar el comportamiento de la empresa monopolista y las diferencias de ésta con una empresa que opera en un marco competitivo.

Una empresa monopolista, como cualquier otro negocio, tiene que enfrentarse a dos fuerzas determinantes:

> 1) Un conjunto de condiciones de demanda del bien o servicio que produce
>
> 2) Un conjunto de condiciones de coste que determinan cuánto tiene que pagar por los recursos que necesita para producir y por el trabajo requerido por su producción.

Toda empresa o compañía debe ajustar su producción para maximizar sus beneficios, es decir, que pueda maximizar la diferencia entre lo que ingresa por sus ventas y los costes que ha de cubrir para producir la cantidad de bienes vendidos. El nivel de producción que maximiza los beneficios viene dado por aquella cantidad que permite poner el máximo precio posible.

Las consideraciones efectuadas al caso del monopolio son aplicables a todos los llamados duopolios, oligopolios, carteles y trust. No hay técnicamente ninguna diferencia entre los monopolistas ya sea que se trate de uno o de muchos.

4.6.2 Tipos de Monopolio

Podemos distinguir entre monopolios naturales, trusts, cárteles y fusiones entre empresas, entre otros.

Monopolio natural

El monopolio natural es creado por mandato del consumidor.   El monopolio natural no puede controlar precios porque se enfrenta a cinco imites:

- La competencia potencial
- El factor competitivo permanente
- La elasticidad de la demanda
- Los sustitutos
- La ley de rendimientos decrecientes

El monopolio natural (siempre privado) subsiste, dentro de la competencia, gracias al voto del consumidor emitido en proceso de mercado, conforme lo explica la teoría de la imputación. Este mandato es esencialmente revocable por parte del consumidor, que disconforme con su proveedor habitual, tiene la libertad de volcarse a un productor alternativo.

Monopolio Puro

El monopolio puro —una única empresa en una industria— no suele darse en la economía real, excepto cuando se trata de una actividad desempeñada mediante una concesión pública.

En estas industrias se suelen producir bienes y servicios vitales para el bienestar público, como el suministro de agua, electricidad, transportes y comunicaciones.

Aunque parece que estos monopolios son la mejor forma de proporcionar estos servicios a la sociedad, sigue siendo necesario regularlos cuando están en manos privadas; de lo contrario, tendrán que depender de una empresa pública.

Existe un monopolio puro si sólo hay un único vendedor en un mercado bien definido con muchos compradores. En éste caso no existe rivalidad personal, por la sencilla razón que no hay rivales. Sin embargo, las políticas de un monopolista podrían verse restringidas por la competencia indirecta de todos los bienes por el dinero del consumidor, así como por la competencia de los bienes que sean sustitutos razonablemente adecuados y por la amenaza de una competencia potencial si es posible la entrada en el mercado.

Un monopolista puro es la única empresa en la industria y se enfrenta a la curva de demanda de la industria, la cual, necesariamente, presenta pendiente negativa. La curva de demanda a la cual se enfrenta un monopolista será más elástica en la medida en que los sustitutos del artículo sean más numerosos, mejores y tengan menores precios. Sin embargo, existe una disyuntiva entre la cercanía y el número de los sustitutos, un gran número de sustitutos imperfectos generará una curva de demanda relativamente elástica, igual cosa sucederá con unos pocos buenos sustitutos.

Monopsonio

Cuando hay un comprador y muchos vendedores. Cuando hay un solo comprador de un insumo, decimos que existe un monopsonio; si hay varios compradores decimos que hay un oligopsonio.

Se puede establecer una amplia variedad de categorías. En términos generales, los mercados de bienes puede ser de competencia perfecta, de competencia monopólica, oligopólicos o monopólicos. Para cada uno de estos cuatro tipos de organización del mercado de bienes, el mercado de insumos puede ser un Monopsonio o un Oligopsonio. Sin embargo, el principio analítico es el mismo independientemente de cual sea la organización de los mercados de bienes y de insumos.

El monopsonista se enfrenta a una curva de oferta del insumo en cuestión que presenta pendiente positiva, puesto que, debido a que él es el único comprador, se enfrenta enteramente a la curva de oferta del mercado. El monopsonista debe pagar un mayor precio por la última unidad del insumo, pero, además, en el caso en que no sea posible efectuar discriminación de precios al comprar el insumo, también debe pagarse un mayor precio sobre todas la unidades previamente adquiridas.

La empresa que es competidor en su mercado de productos y monopsonista en el mercado de insumos, empleará un recurso hasta aquel punto en el cual el valor del producto marginal sea igual al costo marginal del factor.

La curva de demanda de un servicio productivo en el mercado es la curva de demanda del comprador individual en condiciones de monopsonio. Además si sólo se utiliza un insumo variable en el proceso de producción, la curva de demanda es la curva del producto del ingreso marginal del monopsonista. El monopsonista enfrenta una curva de oferta del insumo de pendiente positiva y una curva más alta del gasto marginal del insumo.

Trusts

La historia económica de todos los países está llena de ejemplos en que los productores intentan crear acuerdos para obtener poder monopolista sobre el mercado aunque se ofrezca la imagen de que impera la competencia. Uno de los primeros ejemplos lo constituyen los trusts.

Este tipo de acuerdos permiten transferir el control real de una empresa a un individuo o a otra empresa intercambiando las acciones por certificados emitidos por los individuos que pretenden controlar la empresa. La generalización y el abuso de esta técnica en Estados Unidos, tras la Guerra Civil, llevaron a que se dictara el Sherman Anti trust Act (1890), una ley que pretendía ilegalizar este tipo de acuerdos y cualesquiera acciones encaminadas a crear monopolios y a limitar la competencia interestatal.

Una técnica parecida a la de los trusts son los holdings, que emiten sus propias acciones públicamente pero controlan otras empresas comprando sus acciones.

Estos acuerdos no tienen por qué ser ilegales, excepto cuando se adoptan con el fin de monopolizar el comercio.

Cárteles

Hoy en día, el cártel es quizás la forma de asociación monopolista más conocida debido a la importancia de la Organización de Países Exportadores de Petróleo (OPEP).

Un cártel es una organización de productores cuyo objetivo es ganar cuotas de mercado, controlar la producción y regular los precios. La OPEP defiende estos mismos objetivos, y es mundialmente conocida por haber podido imponer el precio del petróleo en todo el planeta.

Fusiones

Los intentos de organizar la industria con el fin de lograr un control monopolista del mercado pueden ser de diversa índole. Una combinación de empresas tendente a reducir la competencia puede tener un carácter vertical, horizontal o de conglomerado.

La combinación vertical implica la fusión de empresas que controlan distintas etapas del proceso productivo de un mismo producto. Ciertas empresas petrolíferas, por ejemplo, tienen campos de petróleo, refinerías, compañías de transportes y gasolineras. Una combinación horizontal es aquella formada por empresas de una misma industria que desarrollan los mismos productos. Una fusión de conglomerado combina compañías de diversas industrias independientes dentro de una misma organización.

Todas las fusiones y combinaciones de empresas tienen un potencial para eliminar la competencia entre ellas creando así monopolios. Las fusiones suelen ser analizadas por las autoridades en todos los países y, dentro de la Unión Europea, por la Comisión Europea.

Cualquier fusión que pretenda lograr un poder monopolista y actuar contra el interés público será prohibida.

Artificial

El monopolio artificial nace como consecuencia del mandato gubernamental, contrariando los deseos del consumidor. A su vez estos pueden ser públicos (estatales) o privados.

Muchos monopolios artificiales se traducen en las tristemente célebres empresas estatales. Se los crea por razones estratégicas, de bien publico, subsidiariedad, fiscales, interés nacional y con otras excusas.

El mecanismo de creación es el que utiliza el estado para crear cualquier empresa estatal: la extracción de recursos de los bolsillos del consumidor vía impuestos, inflación, empréstitos internos o externos, operaciones del mercado abierto, etc. pero siempre contra la voluntad del consumidor, por la fuerza, la exacción (en otras palabras mediante el robo "legal"). Solo el monopolio artificial controla precios.

La decisión de compra no corresponde al consumidor en los monopolios legales o artificiales que nacen como consecuencia de la decisión arbitraria del comité gubernamental de cada país, que se arroga facultades por sobre la de los consumidores y establecen, unos pocos soberbios burócratas, qué empresas deben proveer determinados servicios o bienes.

El monopolio artificial (estatal o privado) subsiste gracias a la ley que dicta para él el burócrata, sacándolo fuera de la competencia.

Oligopolio

Mercado dominado por un reducido número de productores o distribuidores u ofertantes. Es un mercado que se encuentra en una posición intermedia entre lo que se conoce como competencia perfecta y el monopolio, en el que sólo existe un fabricante o distribuidor.

Un mercado oligopolístico puede presentar, en algunas ocasiones, un alto grado de competitividad. Sin embargo, los productores tienen incentivos para colaborar fijando los precios o repartiéndose los segmentos del mercado, lo que provoca una situación parecida a la del monopolio. Este tipo de políticas están prohibidas por las leyes anti trust y por las leyes de defensa de la competencia.

Pero también dependen de que las empresas cumplan sus acuerdos. En los mercados oligopolísticos, como por ejemplo el mercado de petróleo y el de los detergentes, con frecuencia se suceden largos periodos de estabilidad en los precios.

Los productores se limitan a competir mediante la publicidad de sus productos (por ejemplo, la típica frase publicitaria 'lava más blanco') y otra clase de técnicas como la distribución de cupones que pueden intercambiarse por diversos artículos. Para tomar decisiones sobre precios, las empresas que operan en mercados oligopolísticos utilizan la teoría de juegos.

El juego consiste en anticipar la reacción de las compañías competidoras ante cambios en las condiciones del mercado y en poder planificar la política a seguir para conseguir la máxima rentabilidad posible. Alcanzar un resultado óptimo depende en buena medida de que las empresas se comporten de una forma racional.

En un juego de suma cero, la rentabilidad total es fija, por lo que una empresa sólo podrá mejorar su posición a costa de las demás. En los juegos que no son de suma cero, la decisión de un jugador puede beneficiar a todos los demás.

4.6.3 Qué sucede con el Precio en el Monopolio?

Cuando en un mercado, hay solo una empresa, es muy probable que la empresa pueda fijar libremente sus precios. Podemos imaginar que el monopolista elige el precio y deja que los consumidores decidan la cantidad que desean comprar de ese bien. Esto representa una composición poco óptima e ineficiente, ya que los consumidores pueden perder recursos gracias a las utilidades extraordinarias que le pueden representar a la firma.

Por esto, en economía, la estructura monopólica de mercado no es eficiente y existe el concepto de que es indeseable.

El monopolio establece un precio mayor y ofrece una cantidad menor que la competencia perfecta. El coste social del monopolio en relación a la competencia perfecta, es la diferencia de cantidades y la diferencia de precios.

En un mercado perfectamente competitivo, a cada comprador se le cobra el mismo precio por cada unidad del bien particular (corregido por las diferencias de calidad y de los costos del transporte).

Puesto que el producto es homogéneo y como, además suponemos perfecta información por parte de los compradores, no pueden existir diferencias en el precio de unidades de calidad constante. Cualquier vendedor que tratara de cobrar un precio mayor que el precio corriente, se encontrará con que nadie le compra el producto. Sin embargo, un monopolista puede estar en la capacidad de cobrarle a diferentes personas diferentes precios y/o de cobrar diferentes precios unitarios por unidades sucesivas adquiridas por un comprador determinado.

Una fuente del monopolio se encuentra en el costo de establecer una planta de producción eficiente, sobre todo en relación con el tamaño del mercado.

Esta situación surge cuando el costo promedio mínimo de producción ocurre a una tasa de producción más que suficiente para abastecer a todo el mercado a un precio que cubra el costo total.

Se sabe que el equilibrio en el largo plazo de una industria competitiva ocurre cuando el precio se encuentra en el punto mínimo de la curva de costo promedio en el largo plazo.

4.6.4 Cómo maximizo las ganancias?

El precio de monopolio, que no es constante como en la competencia perfecta, es superior al ingreso marginal a diferencia de lo que ocurría en aquella.

De otro lado, el monopolista maximizador de beneficios siempre se situará en el tramo elástico, colocando en el mercado un volumen de producción inferior a la abscisa para la que se anula el ingreso marginal.

En el monopolio no existe curva de oferta en el sentido de que desaparece la relación biunívoca entre cantidad y precio (dos o más precios para un mismo volumen de producción, o dos o más outputs para un mismo precio).

A largo plazo el monopolista no necesariamente alcanza la escala óptima, ni utiliza la planta de que dispone en su óptimo; pero lo lógico es que con entrada bloqueada puede obtener beneficios extraordinarios también a largo plazo.

El monopolista con dos plantas establece los volúmenes producidos a través de la condición ingreso marginal igual a coste marginal en cada una de las plantas; el precio se estable sobre la función de demanda y oficina central computa los beneficios.

Se denomina discriminación de precios a cualquier práctica que permita vender unidades iguales de un mismo bien a dos o más precios distintos. Se dice que se da discriminación de precio de primer grado, cuando se vende cada unidad del bien o servicio en cuestión a un precio distinto.

La curva de demanda de mercado se convierte para el monopolio discriminante de primer grado también en la curva de ingreso marginal. El monopolista discriminador obtiene para sí el excedente del consumidor.

El monopolista discriminador lanza al mercado una cantidad mayor que el monopolista puro.

Por definición, los beneficios totales son iguales al ingreso total menos los costes totales. Para maximizar los beneficios la empresa debe buscar el precio y la cantidad de equilibrio, que le reporten el máximo beneficio, es decir la mayor diferencia entre ingreso total y costo total.

Solo se maximizaran los beneficios cuando la producción se encuentre en el nivel en el que el ingreso marginal de la empresa sea igual a su costo marginal.

Las ganancias económicas se presentan cuando el costo total medio es menos que el precio. Sin embargo, no debe asociarse el monopolio con ganancias, muchos monopolistas salen del mercado o nunca entran él porque los costos totales medios se ubican, en cada punto, por encima de su curva de demanda.

Generalmente un monopolista puede obtener una ganancia mayor practicando la discriminación de precios, sin embargo para hacer esto se requiere que olas clases de consumidores sean identificables y separables y que aquellos que compran el producto un menor precio no lo puedan revender a aquellos que lo tendrían que comprar, de otra forma, a un precio mayor.

El ingreso marginal del monopolio es mayor en el largo plazo que en el corto plazo, puesto que a los compradores les toma tiempo responder a cambios de los precios.

La combinación de precio y producción que maximiza las ganancias se encuentra hallando la tasa de producción a la cual el ingreso marginal es igual al costo marginal y determinando entonces el precio máximo al cual puede venderse dicha cantidad, el cual a su vez, se obtiene a partir de la curva de demanda.

El monopolista no posee una curva de oferta, esta última se define como el lugar geométrico de los puntos que muestran los precios mínimos a los cuales se ofrecerán para la venta determinadas cantidades.

Cualquier precio particular de monopolio puede resultar en una amplia variedad de tasas de producción y el producto generado dependerá de la forma y la posición de la curva de demanda.

En general, podemos predecir que un monopolio generará una menor tasa de producción y venderá a un mayor precio que una industria competitiva, ceteris paribus. Además, el monopolista generalmente no operará a una tasa de producción a la cual los costos medios de largo plazo sean mínimos.

En conclusión se puede decir que las ganancias se maximizan en el Monopolio cuando en una gráfica la curva de costo marginal se intersecta con la curva de ingreso marginal.

4.6.5 Diferencia entre Monopolio y Competencia Perfecta

Las principales diferencias entre una empresa monopolista y una competitiva es que, en el caso del monopolio, hay un mayor margen para establecer el precio, aunque este control no sea absoluto. La empresa monopolista tiene mayor libertad para ajustar tanto el precio como la cantidad producida en su intento de maximizar beneficios.

Desde el punto de vista de la sociedad, el monopolio implica unos efectos menos deseables que los derivados de la competencia económica. En general, el monopolio redunda en una menor producción de bienes y servicios de los que se derivarían en condiciones de competencia, con precios mayores.

Otra práctica habitual de los monopolios es la discriminación de precios, que implica el cobrar diferentes precios para los mismos bienes o servicios dependiendo de qué parte del mercado compre.

Los agentes dispones de información perfecta sobre las condiciones de mercado

Las tres condiciones de equilibrio a corto plazo de la empresa competitiva son:

1) Hacer precio igual a coste marginal
2) Que los costes crezcan más que los ingresos
3) Que el precio sea superior al coste medio variable

La curva de oferta de la empresa perfectamente competitiva a corto plazo, es la curva de costes marginales a partir del mínimo del coste medio variable.

Al volumen de output correspondiente al precio igual o menor que el mínimo costes medios variables --cuando este es repetido--, se le denomina punto de cierre.

116

La asignación de recursos a que da lugar la competencia perfecta implica:

- Que el output se produce a los costes mínimos factibles
- Que los consumidores pagan el precio más bajo posible
- Que las plantas se usan a plena capacidad en el largo plazo
- Que las empresas no obtienen beneficios extraordinarios

Los supuestos del modelo de monopolio de oferta son:

1. Existe una sola empresa
2. El producto es homogéneo y no existen sustitutivos muy cercanos de su producto
3. Existen barreras a la entrada en dicho mercado y maximiza el beneficio período a período
4. No hay intervención gubernamental alguna
5. El monopolista tiene conocimiento perfecto de las condiciones de mercado
6. Existe movilidad perfecta de los factores

Fig. 4.3 Caricatura sobre Monopolios

Las condiciones de equilibrio, óptimo, a corto plazo son:

1) La igualdad del ingreso marginal al coste marginal
2) Que los costes crezcan más que los ingresos en un entorno del volumen de producción
3) Que el precio cubra al menos los costes variables

Capítulo V: Sistema Financiero

5.1 Sistema financiero

En un sentido general, el **sistema financiero** (sistema de finanzas) de un país está formado por el conjunto de instituciones, medios y mercados, cuyo fin primordial es canalizar el ahorro que generan los *prestamistas* o unidades de gasto con superávit, hacia los *prestatarios* o unidades de gasto con déficit. Esta labor de intermediación es llevada a cabo por las instituciones que componen el sistema financiero, y se considera básica para realizar la transformación de los activos financieros, denominados primarios, emitidos por las unidades inversoras (con el fin de obtener fondos para aumentar sus activos reales), en activos financieros indirectos, más acordes con las preferencias de los ahorradores.

El sistema financiero comprende, tanto los instrumentos o activos financieros, como las instituciones o intermediarios y los mercados financieros: los intermediarios compran y venden los activos en los Mercados financieros.

5.2 Función del sistema financiero

El sistema financiero cumple la misión fundamental en una economía de Mercado, de captar el excedente de los ahorradores (unidades de gasto con superávit) y canalizarlo hacia los prestatarios públicos o privados (unidades de gasto con déficit). Esta misión resulta fundamental por dos razones: la primera es la no coincidencia, en general, de ahorradores e inversores, esta es, las unidades que tienen déficit son distintas de las que tienen superávit; la segunda es que los deseos de los ahorradores tampoco coinciden, en general, con los de los inversores respecto al grado de liquidez, seguridad y rentabilidad de los activos emitidos por estos últimos, por lo que los intermediarios han de llevar a cabo una labor de transformación de activos, para hacerlos más aptos a los deseos de los ahorradores.

En definitiva las principales funciones que cumple el sistema financiero son:

• Captar el ahorro y canalizarlo hacia la inversión.
• Fomentar el ahorro.
• Ofertar aquellos productos que se adaptan a las necesidades de los ahorradores y los inversores, de manera que ambos obtengan la mayor satisfacción con el menor coste.
• Lograr la estabilidad monetaria.

5.3 Activos financieros

Los activos financieros son aquellos títulos o anotaciones contables emitidos por las unidades económicas de gasto, que constituyen un medio de mantener riqueza para quienes los poseen y un pasivo para quienes lo generan.

Los activos financieros, a diferencia de los activos reales, no contribuyen a incrementar la riqueza general de un país, ya que no se contabilizan en el Producto interior bruto de un país, pero sí contribuyen y facilitan la movilización de los recursos reales de la economía, contribuyendo al crecimiento real de la riqueza.

Las características de los activos financieros son tres:

• Liquidez
• Riesgo
• Rentabilidad

5.4 Mercados financieros

Los mercados financieros son el mecanismo o lugar a través del cual se produce un intercambio de activos financieros y se determinan sus precios. El sistema no exige, en principio, la existencia de un espacio físico concreto en el que se realizan los intercambios. El contacto entre los agentes que operan en estos mercados puede establecerse de diversas formas telemáticas, telefónicamente, mediante mecanismos de subasta o por internet.

Tampoco es relevante si el precio se determina como consecuencia de una oferta o demanda conocida y puntual para cada tipo de activos.

Funciones:

• Ponen en contacto a los agentes económicos que intervienen o participan en el mercado, como por ejemplo los ahorradores o inversores, con los intermediarios financieros, logrando que ambos se beneficien.
• Fijación de los precios.
• Proporcionan liquidez a los activos.
• Reducen los plazos y costos de intermediación.

5.5 Organismos reguladores del sistema financiero

Los organismos o instituciones supervisan el cumplimiento de las leyes redactadas por los parlamentos, así como de las normas emitidas por los propios reguladores del sistema financiero. Estas normas tienen por finalidad asegurar el buen funcionamiento de los mercados financieros, y al conjunto de ellas se le llama regulación financiera.

Para el cumplimiento de sus objetivos pueden imponer sanciones (por ejemplo, una comisión reguladora del Mercado de valores puede suspender la cotización de un valor bursátil si se realizan actos no permitidos en el intercambio de ese valor).

5.6 Intermediarios financieros

Los activos financieros son emitidos por las unidades económicas de gasto con el propósito de cubrir su déficit, estos activos pueden ser adquiridos directamente por los ahorradores últimos de una economía. Sin embargo, en la medida que se desarrollan los sistemas financieros, aparecen los intermediarios financieros, una serie de instituciones o empresas que median entre los agentes con superávit y los que poseen déficit, con la finalidad de abaratar los costes en la obtención de financiación y facilitar la transformación de unos activos en otros.

Los intermediarios ponen en contacto a las familias que tienen recursos, con aquellas empresas que los necesitan.

Hay que equilibrar la voluntad de invertir con la necesidad que tienen las empresas. Los intermediarios financieros (bancos, cajas de ahorro, entidades de leasing, entidades de crédito oficial...) reciben el dinero de las unidades de gasto con superávit, mientras que dichos intermediarios ofrecen a las empresas recursos a más largo plazo y de una cuantía superior a la recibida por una sola unidad de gasto con superávit, de modo que realiza una transformación de los recursos recibidos por las familias.

Los intermediarios financieros pueden ser clasificados en no bancarios y en bancarios, estos últimos se caracterizan porque alguno de sus pasivos son pasivos monetarios es decir billetes y depósitos a la vista, aceptados de forma genérica por el público como medio de pago. Estas instituciones pueden generar recursos financieros, no limitándose a realizar una simple función de mediación.

Funciones:

• La actuación de los intermediarios financieros permite reducir el riesgo de los diferentes activos financieros mediante la diversificación de las carteras de inversión, pudiendo también obtener un rendimiento de sus carteras a largo plazo superior al obtenido por cualquier agente individual al poder aprovechar las economías de escala que se derivan de la gestión de las mismas.

El volumen de recursos financieros que manejan hace posible la adquisición de activos de cualquier valor nominal, que podría se inalcanzable a ahorradores individuales.

• Los intermediarios financieros pueden disponer de mayor información, más completa, rápida y fiable sobre la evolución de los mercados que los inversores individuales.

• Permiten aprovechar economías de escala en los costes de transacción.

• Los intermediarios permiten adecuar las necesidades de los prestamistas y prestatarios, mediante la transformación de los plazos de las operaciones. Captan recursos a corto plazo que ceden a plazos mayores.

5.7 El Sistema Financiero Dominicano

Antecedentes:

La Supervisión Bancaria, en la República Dominicana, se remonta al año 1869 cuando se creó el Banco Nacional de Santo Domingo como primera entidad de esta naturaleza que aparece posterior a la independencia de la República.

En 1909 Se promulga la primera legislación bancaria la cual estaba bajo la responsabilidad de la Secretaria de Hacienda y Comercio (Finanzas) y cuya finalidad era el control de las operaciones bancarias y autorización de sucursales por parte del Estado Dominicano a través de interventores (o inspectores).

Fig. 5.1 Banco Central de La República Dominicana

La transformación del sistema monetario y financiero internacional, con la creación del FMI y BM, fue de tal impacto en el país, que auspicio la creación del Banco Central, el signo monetario nacional y a su vez se promulga la Ley No. 1530 el 9 de octubre de 1947, la cual creó la Superintendencia de Bancos.

El Advenimiento de cambios en la economía dominicana, acompañado de la presencia de nuevas entidades financieras (Banco Popular, Asociaciones de Ahorros y Préstamos) auspició cambios profundos en la supervisión bancaria a través de la nueva Ley No. 708 o Ley General de Bancos del 14 de abril del 1965.

La Ley General de Bancos, No. 708, a partir de entonces se convirtió en el soporte legal del crecimiento y expansión del sistema financiero Dominicano.

A partir de dicha ley surgieron los Bancos de Desarrollo, con la Ley No. 292, de 1966, La Ley 171 que creó los Bancos Hipotecarios a partir de 1971, los cuales se incorporaron al alcance de supervisión de la Superintendencia de Bancos.

Durante el período 1965-1977, el sistema financiero dominicano se desarrolló sin dificultades y el alcance de la ley No. 708 parecería formidable ya que la credibilidad, la confianza y la solidez estaban garantizadas.

5.8 La Transformación

Tres elementos se conjugaron para comenzar a debilitar el alcance de la Ley No. 708 desde finales de la década de los setenta (70's) y principios de los ochenta (80's). A saber:

1. Cambios Pronunciados en los precios del barril del petróleo desde mediados de la década de los 70's.

2. Modificación del tamaño del sistema financiero e incorporación de los denominadas "financieras", sin el control de las autoridades monetarias y financieras.

3. La crisis de la Deuda Externa.

5.9 Los Resultados

a)   Fuertes Medidas Restrictivas en el sistema financiero, emanadas de la Junta Monetaria.

b)   Crisis y quiebras y feriados de entidades financiera.

Hubo debilidad del Sistema Financiero Dominicano y necesidad de modificar la Ley General de Bancos, acompañada de una independencia de la Superintendencia de Bancos ya que esta estaba subordinada a la Secretaría de Estado de Finanzas, situación que cada vez más promovía la debilidad de la Supervisión Bancaria.

5.10 Economía y Reformas

La situación de crisis económica y financiera al final de la década de los ochenta e inicio de la década de los noventa creó las condiciones para promover las Reformas Económicas las cuales estuvieron influenciadas por ese espíritu reformador que predominaba en América Latina

Las Reformas en América Latina se expresaron con:

- Liberalización de las Tasas de Interés.

- Reformas en la Legislación Bancaria.

- Integración de los mercados domésticos a la dinámica del mercado internacional.

- Eliminación de obstáculos, o desregulación, para aperturar sucursales de Bancos Extranjeros.

- Reducción de los riesgos bancarios a través de un nuevo modelo de supervisión bancaria.

5.11 El Paso de la Ley de Bancos a la Ley Monetaria y Financiera

El agotamiento y debilidad de la Ley 708 favoreció que se iniciara el proceso de reforma a la misma la cual se manifestó con características análogas a las mencionadas en América Latina y que en nuestro país se observó a partir de enero de 1991. Pero fue el 2 de abril de 1992, cuando la Junta Monetaria emitió sendas resoluciones orientadas a transformar el esquema operativo e institucional del sistema financiero dominicano.

La trascendencia del paquete de resoluciones de la Junta Monetaria fue instituir el modelo de Banca Múltiple en Sustitución de la Banca Especializada. Con estas resoluciones se autorizó al Poder Ejecutivo a enviar al Congreso Nacional el Proyecto de Código Monetario y Financiero.

Las Mismas Resoluciones autorizaban a los Bancos a constituirse en Banca Múltiple a partir de cumplir los requisitos exigidos. Dado que una resolución tiene fuerza de Ley, pero que no tiene el alcance de una Ley, entonces se hacía necesario la conversión del proyecto de reforma en Ley.

5.12 La Nueva Base Legal

Luego de 10 años en el Congreso Nacional se aprueba y se promulga una nueva ley denominada Ley Monetaria y Financiera o Ley 183-02, de noviembre del 2002, la cual derogó la Ley No. 708.

Con la nueva Ley Monetaria y Financiera se procuraba:

• Mayores controles de las entidades financieras.
• Mayor fortaleza en su capital y reservas.
• Mejora en la Cartera de Préstamos.
• Desarticular las malas prácticas Bancarias
• Establecer una mejor Política de Supervisión Bancaria.
• Adecuación a los 25 principios de Basilea I.
• Que las entidades Bancarias respondan al índice de solvencia de 10%.
• Reducir el riesgo crediticio.
• Establecer los reglamentos y normativas que logren la aplicación de la Ley, etc.

5.13 El Mercado Monetario

También llamado mercado de dinero, el mercado monetario es una parte o submercado del mercado financiero, en el que se realizan operaciones de crédito o negocian activos financieros a corto plazo. Comprende el mercado interbancario, el de los certificados de depósito, el de los bonos y pagarés del Tesoro, el mercado de letras de cambio y, en general, el mercado de todo activo financiero a corto plazo.

Cuando se habla de mercado monetario se suele hacer referencia tanto al mercado primario como al mercado secundario de los diferentes activos que en él se negocian. La principal función del mercado monetario es la de proporcionar al público y a los agentes económicos en general la posibilidad de mantener una parte de su riqueza en forma de títulos o valores con un elevado grado de liquidez y una rentabilidad aceptable. Los agentes económicos que intervienen en este mercado ofreciendo y demandando fondos a corto plazo son múltiples.

Pero son los Bancos Comerciales y las Cajas de Ahorros, quienes junto con las Administraciones Públicas tienen un gran peso en este mercado.

Las instituciones financieras no bancarias, como las compañías de seguros de vida y los fondos de pensiones, si bien invierten normalmente sus disponibilidades en títulos a largo plazo, acuden con frecuencia al mercado monetario para dar salida a sus excedentes de tesorería transitoriamente ociosos.

Las Sociedades Mediadoras del Mercado de Dinero (SMMD) fueron introducidas en 1981, imitando a instituciones similares de otros países financieramente más desarrollados, con el objeto de fortalecer el mercado monetario nacional.

Mercado de los fondos que pueden prestarse entre sí, a corto plazo, las entidades financieras. Money Market. (En inglés: Money Market)

Está formado por una serie de mercados interrelacionados esencialmente por el nivel de los tipos de interés, que tienen las siguientes características:

- Sus participantes son entidades financieras con muchos recursos y especializadas.
- Los activos que se negocian son de escaso riesgo debido a la solvencia de las instituciones e incluso con garantías adicionales.
- Gozan de gran liquidez, dado su corto plazo de vencimiento y la existencia de mercados secundarios.
- Las operaciones pueden hacerse directamente o mediante intermediarios especializados.
- Además, son muy flexibles y se han originado una gran cantidad de intermediarios, activos y nuevas técnicas de emisión.

Los principales mercados monetarios son:

El mercado interbancario, el mercado de divisas, el mercado AIAF de renta fija y el mercado hipotecario.

También llamado mercado de dinero, es un mercado de activos con bajo riesgo, alta liquidez y amortización a muy corto plazo. Por las características de sus activos, se opone al mercado de capitales.

5.14 Banco comercial

Un **banco comercial** es un tipo de intermediario financiero y un tipo de banco. Los bancos comerciales son también conocidos como **bancos de negocios**. Después de la Gran Depresión, el Congreso de Estados Unidos exigió que los bancos sólo realizasen actividades bancarias, mientras que los bancos de inversión fueron limitados a actividades en el mercado de capitales.

Como ya no era necesario que los dos tipos de bancos fueran propiedad de diferentes dueños de acuerdo a la ley de Estados Unidos, algunos usaron el término "banco comercial" para referirse a un banco o a una división de un banco que mayormente administraba depósitos y préstamos de corporaciones o grandes negocios.

En otras jurisdicciones, la estricta separación de banca de inversión y banca comercial nunca se aplicó.

Los bancos comerciales pueden también ser vistos separados de los bancos minoristas, que cumplen la provisión de servicios financieros directamente a los consumidores. Muchos bancos ofrecen servicios tanto de banca minorista como de banca comercial.

El Banco Comercial tiene dos posibles significados:

- **Banco Comercial** es el término usado por un banco normal para distinguirse de un banco de inversión.

Esto es lo que la gente normalmente llama un "banco". El término "comercial" fue usado para distinguirlo de un banco de inversión. Dado que los dos tipos de bancos ya no deben ser compañías separadas, algunos han usado el término "banco comercial" para referirse a bancos que se enfocan mayormente en compañías.

En algunos países de habla inglesa fuera de Estados Unidos, el término "banco de comercio" fue y es usado para nombrar a un banco comercial. Durante la gran depresión a después del "crack" del mercado de valores de 1929, el Congreso de Estados Unidos sancionó la Ley Glass-Steagall (Khambata 1996) que exigiendo que los bancos comerciales sólo realicen actividades bancarias (aceptando depósitos y otorgando préstamos, como también otros servicios con intereses), mientras que los bancos de inversión fueron limitados a actividades en el mercado de capitales. Esta separación ya no es obligatoria.

El banco gana fondos recibiendo depósitos de negocios y consumidores por vía de depósitos de simple disponibilidad, depósitos de ahorro, y depósitos a plazo.

También hace Préstamos a negocios y particulares. Compra bonos corporativos y estatales. Sus principales pasivos son los depósitos y sus principales activos son los préstamos y bonos.

- **Banco comercial** puede también referirse a un banco o una división de un banco que comercia mayormente con depósitos y préstamos de corporaciones o grandes negocios, como opuesto a individuos normales del público (banco minorista)

Origen de la palabra

El nombre "banco" deriva de la palabra Italiana *banco* "escritorio/escaparate", usado durante el Renacimiento por los banqueros florentinos, quienes solían hacer sus transacciones sobre un escritorio cubierto por un mantel verde.

Sin embargo, hay rastros de actividad bancaria aún en la Antigüedad.

De hecho, la palabra remonta sus orígenes hasta el Antiguo Imperio Romano, donde los prestamistas armaban sus oficinas en el medio de jardines cerrados llamados *macella*, sobre un largo banco llamado *bancu*, de donde deriva la palabra *banco*.

Como cambistas, los mercaderes del *bancu* no invertían dinero sino que simplemente cambiaban su moneda extranjera a la única de curso legal en Roma.

5.14.1 El rol de los bancos comerciales

Los Bancos Comerciales realizan las siguientes actividades:

- Procesar pagos a través de transferencias telegráficas, EFTPOS, Banca On-Line u otros medios.

- Emitir letras bancarias y cheques.

- Aceptar dinero en depósitos a plazo.

- Prestar dinero

- Proveer letras de crédito, garantías, bonos de rendimiento, etc.

- Salvaguardar documentos y otros ítems en cajas de seguridad.

- Cambiar moneda.

- Venta, distribución o corretaje, con o sin asesoramiento, de seguros, fondos de inversión y productos financieros similares como un "supermercado financiero".

5.14.2 Tipos de préstamos provistos por bancos comerciales

5.14.2.1 Préstamo Prendatario

Un préstamo Prendatario ó asegurado es un préstamo en el cual el prestamista toma algún bien (como un vehículo o propiedad inmueble) como prenda o seguro para el préstamo.

5.14.2.2 Préstamo hipotecario

Un Préstamo hipotecario es un tipo muy común de instrumento de deuda, usado para comprar bienes inmuebles. Bajo este acuerdo, el dinero s usado para adquirir una propiedad. Los bancos comerciales, sin embargo, son provistos de una caución (embargo) en la Escritura de la vivienda hasta que la hipoteca es cancelada en su totalidad. Si el acreedor Quiebra, el banco tendrá derechos legales para tomar posesión de la propiedad y venderla, para recuperar el dinero remanente.

En el pasado, los bancos comerciales no han estado muy interesados en préstamos para bienes raíces y han puesto sólo un relativamente pequeño porcentaje de sus bienes en hipotecas.

Como su nombre lo implica, estas instituciones financieras aseguran sus ganancias primeramente por préstamos a comercios y particulares y dejan la tarea mayor de financiación de viviendas a otros. Sin embargo, debido a cambios en las leyes y políticas bancarias, los bancos comerciales están crecientemente activos en la financiación de viviendas.

Los cambios en las leyes bancarias permiten ahora a los bancos comerciales realizar préstamos hipotecarios con bases más liberales que nunca. Al adquirir hipotecas de bienes raíces, estas instituciones siguen dos prácticas principales. Primero, algunos de los bancos mantienen departamentos activos y bien organizados cuya función principal es competir activamente en préstamos de bienes raíces.

En áreas carentes de instituciones financieras especializadas en préstamos para bienes raíces, estos bancos se convierten en el origen de los préstamos hipotecarios residenciales y de grandes extensiones (granjas).

Segundo, los bancos adquieren hipotecas simplemente comprándolas a banqueros o vendedores de hipotecas.

A su vez, compañías de servicios comerciales, que eran originalmente usadas para obtener préstamos para prestamistas permanentes como los bancos comerciales, quisieron ampliar su actividad más allá de sus áreas de influencia. En años recientes, sin embargo, estas compañías se han concentrado en adquirir préstamos hipotecarios móviles en volumen suficiente para los bancos comerciales y para asociaciones dedicadas a préstamos y ahorros.

Compañías de servicios obtienen estos préstamos de comerciantes minoristas, usualmente con prácticas de apalancamiento. Casi todos los contratos de bancos y compañías de servicios contienen una póliza de seguro del crédito que protege al prestamista si el consumidor quiebra.

5.14.2.3 Préstamo no asegurado

Los préstamos no asegurados son préstamos que no están garantizados contra los bienes del solicitante (no hay embargos involucrados). Estos pueden estar disponibles en instituciones financieras bajo diferentes premisas o paquetes de mercadeo:

- Deuda de tarjeta de crédito (sumamente peligrosa por sus altos costos)
- Préstamos personales.
- Descubiertos bancarios.
- Facilidades de crédito o líneas de crédito.
- Bonos corporativos.

Los Bancos Comerciales, luego de la Ley Monetaria y Financiera se fueron convirtiendo a Banco Múltiples, en la medida en que cumplían con los nuevos requisitos para serlos.

5.15 Asociaciones de Ahorro y Préstamos

Las Asociaciones de Ahorros y Préstamos son instituciones mutualistas sin fines de lucro, se crearon en el Consejo de Gobierno en 1962.

Inicialmente y aún mantienen sus fines para impulsar el desarrollo de viviendas.

Sus productos de captación esencialmente son:
* Cuentas de Ahorro
* Tarjetas de Débito
* Tarjetas de Crédito
* Certificados financieros

Su oferta de Préstamos se ha diversificado con los años y además de los Préstamos Hipotecarios para viviendas, también pueden realizar préstamos para:

* Vivienda en sentido General, incluyendo compra, remodelaciones, ampliaciones
* Comerciales
* Consumo
* Compra de solares o lotes
* Desarrollo de proyectos

En nuestro país, la República Dominicana, también tenemos otros tipos de Instituciones Bancarias como lo son:

* Las Cooperativas
* Bancos de Ahorro y Crédito
* Corporaciones de Crédito
* Financieras
* Préstamos de Menor cuantía

5.16 Fuentes de Financiamiento:

5.16.1 La Pre-Venta:

Este término se denomina a toda aquella venta concretada durante el período de obra. Incluso en muchos casos esta venta es previa al comienzo de la obra.

Desde el punto de vista del promotor podemos encontrar ventajas y desventajas.
Ventajas:
1. Sirve para ver el comportamiento del mercado ante el producto lanzado.
2. Es una venta genuina y ya concretada.

Desventajas:
1. El comprador solo deposita un porcentaje del valor del inmueble.
2. El precio es inferior al que se pudiera obtener en el futuro.
3. Los compromisos iniciales pactados no pueden ser modificados.

Es importante destacar que cuando hacemos pre venta, estamos descontando una tasa importante de nuestro precio de venta al público cuando la obra esté lista para entregarse.

5.16.2 Préstamos:

Hay varias formas de tomar los préstamos que son de uso corriente:

1. **Préstamos Personales**.
2. **Hipotecas**: Son los más comunes en nuestro negocio.
3. **Inversionistas**: Aunque no es muy común, es una excelente forma de financiar los proyectos de construcción cediendo una parte de los beneficios del proyecto, pero reducen los riesgos de financiamiento.
4. **Financiamiento proveniente de Fondos de Pensiones**
5. **Financiamiento proveniente de Fondos Fiduciarios**
6. **Capital Propio**: Aunque el capital sea propio, debemos de cargarle al proyecto el Costo de Oportunidad de su propio negocio: El principal objetivo de un inversor es ganar el máximo dinero posible y con el menor riesgo posible.

Esto hace suponer quien busca fuentes de financiamiento alternativas es porque está dispuesto a pagar una tasa menor que el costo de su capital. No debemos perder de vista que hay inversores llevando a cabo más de un proyecto de manera simultánea lo que significa una gran exposición en el sector y una posible falta de liquidez

7. **La Emisión de Valores a través de la Superintendencia de Valores**

5.16.3 Los Fondos Fiduciarios

Los Fideicomisos son una nueva figura en nuestro país, que viene a llenar un aspecto importante del financiamiento de proyectos.

En el marco del fideicomiso financiero podrán emitirse:

- Valores Representativos de Deuda.
- Certificados de Participación.

Los inversores pueden adquirir cualquiera de ambos títulos. El valor representativo de deuda es un derecho de cobro de lo producido por el fideicomiso y en las condiciones establecidas en el prospecto, los cuales están garantizados con el activo del fideicomiso.

Pueden existir distintos tipos de valores representativos de deuda con distinta preferencia de cobro y condiciones. El certificado de participación otorga un derecho de participación o de propiedad sobre los activos del fideicomiso.

Los tenedores de los certificados de participación tienen derecho al cobro de lo producido por el fideicomiso financiero, una vez cancelados los compromisos asumidos por los valores representativos de deuda, así como de la liquidación del fideicomiso financiero.

En mejora de las posibilidades de cobro, los valores fiduciarios pueden contar con otras garantías, entre ellas: asignación de bienes adicionales al fideicomiso de manera que exista una sobre cobertura de riesgos, garantías personales por parte del fiduciante o un tercero, garantías reales y/o afectación de bienes a un fideicomiso de garantía.

Beneficios

Para el fiduciante

1. Reduce el costo financiero: El aislamiento de determinados activos de su patrimonio o el otorgamiento de garantías adicionales (colateralización) disminuye el riesgo crediticio, lo que permite conseguir recursos a una mejor tasa de financiación.

2. Aumento de la capacidad prestable: Al separar los activos asegurados de sus balances, las entidades financieras readquieren su capacidad prestable.

3. Evita el descalce financiero (riesgo liquidez), provocado por la asincronía entre activos y pasivos. La seguridad soslaya este inconveniente en razón del aumento de la rotación de créditos en cartera.

4. Propende al desarrollo del mercado de capitales al suministrar nuevos títulos a la oferta pública. Esta nueva alternativa de financiamiento, dentro de un marco competitividad, conduce al mejoramiento de la calidad de los títulos, y consecuentemente, a una financiación cada vez más beneficiosa para el tomador de fondos.

Para el inversor:

1. Obtiene mejor rendimiento, en compensación al riesgo crediticio asumido, siendo un factor de estímulo para que se realice un esfuerzo de ahorro mayor.

2. Es una nueva alternativa de inversión con riesgo acotado: El aumento y la diversidad de los títulos valores a que pueden surgir dentro de una economía abierta y competitiva, logra mejorar la calidad de los mismos, con una consecuente disminución del riesgo crediticio. Incluso al aislar el activo del originante se atrae al inversor extranjero en razón de la reducción del riesgo país.

3. Simplifica la evaluación del riesgo a través de la calificación del título efectuada por especialistas sobre la base de criterios objetivos de análisis.

4. Permite la participación directa en grandes inversiones que por otros medios podría acarrear al inversor el desembolso de importantes sumas de dinero o le estarían vedadas.

5. Da la posibilidad de hacer líquido el título en el mercado secundario, o transmitirlo en pago, o cederlo en garantía.

Existen diferentes alternativas para la emisión de títulos. La primera y más simple consiste en emitir Valores de Deuda cuyo activo subyacente sean las deudas de la Pre-Venta; esto garantiza un flujo constante que puede ser utilizado para el pago de cupones.

Como en la mayoría de los casos la Pre-Venta no será suficiente para cubrir los costos de obra es entonces importante emitir los certificados de participación. Estos pueden ser garantizados por la hipoteca así como también con acciones de las sociedades anónimas.

El objetivo de generar estos fideicomisos financieros es tener alcance a inversores institucionales; creemos que la estructura tiene la solidez suficiente como para llevar a cabo esta idea.

Por otro lado se debe mencionar una alternativa muy interesante al momento de la emisión de títulos: Siendo el objeto de los participantes el de llevar a cabo construcciones entonces se cree posible que la suscripción al fideicomiso no sea solamente por el aporte de dinero, sino también cabe la posibilidad de que grandes empresas que puedan suscribir al fideicomiso mediante el aporte de materia prima.

La construcción no solo ocupa un lugar importante en el desarrollo económico de una Nación sino también tiene un significado trascendental en la vida, el desarrollo y el progreso del país.

La República Dominicana, posee un gran déficit habitacional, siendo uno de los principales motivos la dificultad del acceso al crédito, y es por ello que decidimos profundizar en esta temática. Como profesionales, nos satisface encontrar una idea que represente una mejora concreta para todos los eslabones del sector y sobre todo, que pueda alcanzar a la sociedad. Los Fideicomisos y las emisiones de valores serán en el futuro una gran fuente de financiamiento para las empresas desarrolladoras de proyectos.

5.17 Los Flujos de Caja:

Un flujo de caja se encuentra compuesto por dos conceptos importantes:

1. ***El flujo de Egresos.*** Como su nombre lo indica, es la relación periódica de los egresos por concepto de los gastos de relacionados a la obra, proyecto o construcción.

2. ***El Flujo de Ingresos.*** Es el dinero que mes tras mes alimenta el desarrollo del proyecto o construcción.

Fig. 5.2 Flujo Caja

Tanto los ingresos como los egresos, conforman el flujo de caja y deben de ser calculados al detalle, para que el mismo sea lo más real, acertado y eficiente posible, de forma tal que se transforme en una herramienta directa para el manejo de los recursos.

Para la realización del flujo de caja, se deben hacer un estudio pormenorizado de la Programación de la Obra, la cual debe cumplir con las siguientes características:

- Estar basada en una red de Ruta Crítica, con sus correspondientes secuencias en las actividades, así como la relación y correspondencia entre las mismas.

- Debe tener información detallada de las duraciones, tiempos adelantados, tardíos y holguras.

- Se debe tener igualmente un Diagrama de Gantt bien detallado

- Programas de requisición de materiales y subcontratos bien detallados.

- La programación debe igualmente tener la posibilidad de poder integrarle un flujo de recursos del proyecto.

Al igual que el estudio de programación, debe existir un estudio del Presupuesto, que debe poseer cualidades específicas que le permitan extraer las informaciones correctas para la realización del flujo de egresos:

- Las cantidades de obra debe ser bien detalladas.

- Los precios unitarios y sus correspondientes análisis de costos deben estar completos y bien realizados.

- Los costos y detalles de los recursos deben estar bien definidos.

- Especificaciones Técnicas claras y detalladas

5.17.1 Pasos para el desarrollo de un Flujo de Egresos de una obra de construcción

- **Conocer la programación de la obra:**
  - o Tiempos, Secuencias, etc.
  - o Programa de barras por actividades o partidas

- **Conocer el presupuesto detallado de la obra:**
  - o Por capítulos, partidas y cantidades
  - o Desglose por insumos (Informes de compra)

- **Conocer los plazos de entrega y suministro de todos los materiales.**

- **Sub contratos claros y precisos.**

- **Realizar estudio Egresos inicial (borrador).**
    - o Ajustarlo y discutirlo con los demás actores.
    - o Conocer el programa de egresos de acuerdo a las posibilidades de los inversionistas o el propietario.
    - o Incluir, si se requiere un programa de ingresos.
    - o Graficar este estudio.

Cualquier flujo de egresos debe cumplir con las siguientes características o cualidades:

1) Debe ser bien claro.

2) Que permita la obtención de la información pertinente en cada periodo de tiempo.

3) Posibilidad de realizar ajustes que sean necesarios.

4) Confiable.

El grado de detalle de un flujo de caja va a depender de los objetivos del mismo y de la necesidad propia de la obra en cuestión.

5.17.2 Flujo de Ingresos:

El flujo de ingresos se refiere al dinero que alimenta la obra, para poder llevarla a feliz término.

Luego de realizar el flujo de egresos de la obra, debe procederse a realizar los cálculos del flujo de ingresos, para que se pueda programar económicamente la construcción de la obra en cuestión.

Normalmente estos cálculos se realizan con cifras de Valor Presente. Se pueden programar los ingresos desde diferentes fuentes y alternativas disponibles, incluyendo financiamiento, créditos comerciales, programación de ventas, etc.

De la comparación de los dos flujos, ingresos y egresos, deben surgir los diferentes ajustes a los programas de obra y al flujo de caja final para realizar el proyecto.

El Flujo de Caja en consecuencia es el resultado final que surge de la combinación de los flujos de ingresos y egresos.

En algunos casos debemos de tener en cuenta factores externos como la inflación y cambios en la política económica del país que pueden cambiar radicalmente lo programado

Capítulo VI: Evaluación de un Proyecto

Ejercicio

6.1 Datos del Proyecto

Es tamaño del Solar es de 10,000 m2
En el lote se construirán 12 villas de 217 m2 cada una con una pequeña
piscina (3.5 mt X 7 mt)

Los planos de la villa se encuentran en el Anexo 1
Los costos de construcción de cada villa están en presupuesto de las
mismas (Anexo 2)

Supondremos la programación de la obra en 12 meses y asumiremos el
ejemplo del capítulo No. 2 para construir las 12 villas en tres etapas de 4
meses cada. Utilizaremos el flujo de caja resultante del mismo ejemplo y
se extrapolará a las 12 villas incluyendo el Costo de los servicios (Calles,
Electricidad, Acueducto, Alcantarillado Sanitario y Pluvial)

El costo de los servicios asciende a $2,000,000 y los mismos serán
realizados en el primer cuatrimestre.

Suponiendo que los terrenos son nuestros y su costo asciende a
$4,000,000, entonces:

1) Realizar la Formulación del Proyecto completo

2) Hemos determinado que la TMAR = 8%

3) Definir la necesidad ó no de Apalancamiento Financiero,
suponiendo que las ventas de las villas será de la siguiente forma

a) Mes 2: Venta de una Villa
b) Mes 3: Venta de dos Villas
c) Mes 5: Venta de una Villa
d) Mes 7: Venta de tres Villas
e) Mes 9: Venta de dos Villas
f) Mes 11: Venta de una Villa
g) Mes 12: Venta de dos Villas

4) Las Villas se venderán en $12,000,000 cada una de la siguiente forma:

        a) Para apartar la Villa $1,000,000

        b) Cuatro pagos iguales y consecutivos de $1,000,000

        c) Los adquirientes tomarán un préstamo por el resto para saldar la villa

5) Es importante destacar que la primera villa se venderá en $12,000,000 y la siguiente villa costara un 2% adicional sobre el valor de la anterior.

6) Debemos aclarar que las comisiones de venta de cada villa ascenderán a un 5% del Precio de venta de cada villa

7) Realizar la Evaluación y factibilidad del proyecto utilizando el VPN y la TIR

Tal como expresamos en el primer capítulo. La Evaluación de un Proyecto comprende varias etapas que debemos de tener en cuenta:

- Estudio Organizacional y Administrativo de la Empresa
- Estudio Técnico del Proyecto
- El Mercado
- Impacto Ambiental
- El Estudio Financiero y económico.

Supondremos que contamos con una empresa constructora que hemos llamado COHECA

6.2 Evaluación del Proyecto

6.2.1 Introducción

El mundo está cambiando.

Resulta imposible ignorar esta realidad. Asimismo, resulta imposible afirmar que los cambios a nivel global no afectan el ambiente empresarial. La implementación de nueva tecnología, los cambios reglamentarios y sociales, entre otros, han generado presiones para transformar la forma de hacer negocios.

Sin embargo, existen ejemplos de empresas que han podido tomar la iniciativa y han utilizado este entorno turbulento para ganar ventajas sobre sus competidores. Estas empresas han adquirido un claro entendimiento del entorno que les rodea, lo cual les ha permitido adoptar estrategias claras para enfrentar amenazas y aprovechar oportunidades.

La empresa Constructora COHECA ha identificado la necesidad de cambiar para sobrevivir. Por tanto, sus principales ejecutivos han decidido iniciar un proceso de planeación estratégica para la empresa. A tales fines, han contratado a nuestra firma de consultoría para servir de facilitadores del proceso.

En este sentido, el presente estudio representa un primer paso para describir claramente el entorno en el cual realiza sus actividades la empresa COHECA, lo cual nos permitirá fijar las estrategias que asegurarán el éxito de la empresa en el largo plazo.

Primeramente, analizaremos detalladamente el entorno que enfrenta la empresa, enfocando especialmente las tendencias actuales y futuras que afectan el sector de construcción de viviendas en la República Dominicana.

Todo esto nos brindará las herramientas necesarias para identificar cuáles serán los aspectos claves para asegurar el éxito de COHECA en el corto y mediano plazo. En este sentido, presentaremos algunas recomendaciones sobre posibles estrategias para la empresa. Finalmente, realizaremos una recomendación específica sobre lo que nosotros consideramos debiera ser la estrategia ideal para la empresa. Así como la Evaluación Financiera y Económica del proyecto presentado.

6.2.2 Descripción del Entorno

Si deseamos analizar detalladamente el entorno que enfrenta el sector construcción de viviendas, debemos enfocar nuestro análisis en dos aspectos principales: su estructura y su dinámica.

6.2.2.1 Estructura del Entorno

Actores

El sector de la Construcción en la República Dominicana está compuesto por diversos actores que mantienen una relación estrecha entre sí[1]. Clasificándolos en sus respectivos subsistemas los actores de este sector son:

Subsistema Económico

Ferreterías
Industriales:
Importadores de Materiales
Minas de Materiales granulares: (arena, grava, gravilla)
Camioneros:
Asociaciones de Ahorros y Préstamos y Bancos Comerciales:
Obreros

Subsistema Social

Consumidores:
Sindicatos de Trabajadores
Grupos de Presión Ecológicos:
Asociaciones de Constructores:

- *Colegio Dominicano de Ingenieros, Arquitectos y Agrimensores (CODIA)*
- *Asociación de Constructores y Promotores de Viviendas (ACOPROVI)*
- *Cámara Dominicana de la Construcción (CADOCON)*

Subsistema Político

---

[1] Ver anexo 1 y 10 del capítulo VI: Estructura del Entorno

Justicia:
Gobierno:

- *Catastro*
- *Ayuntamientos* (Planeamiento Urbano)
- *Ministerio de Obras Públicas y Comunicaciones*
- *Instituto Nacional de Agua Potable y Alcantarillados (INAPA)*
- *Corporación de Acueductos y Alcantarillados de Santo Domingo (CAASD)*
- *Corporación del Acueducto y Alcantarillado de Santiago (CORAASAN)*
- *Corporación del Acueducto y Alcantarillado de Moca (CORAAMOCA)*
- *Instituto Nacional de la Vivienda (INVI)*
- *Banco Nacional de la Vivienda y Fomento (BNVF)*
- *Oficina de Ingenieros Supervisores de Obras del Estado (OISOE)*
- *Ministerio de Trabajo*
- *Infraestructura Turística*
- *Tribunal de Tierras*
- *Ministerio de Medio Ambiente*

6.2.3 Reglas

El sector constructor realiza sus operaciones en la República Dominicana bajo el control de diversas regulaciones, las cuales definen el funcionamiento de cada uno de los actores que forman parte del sector. Estos lineamientos han sido creados para regular las organizaciones y proteger el interés público asegurando la adhesión a los principios comerciales que rigen el mercado.

Entre las principales leyes que afectan el sector podemos destacar:
- Código Civil
- Ley 1542 de 1947, Dispone acerca del Registro de Tierras
- Ley de Registro de Tierras No. 1542
- Ley 6-86
- Ley 6200, LEY DE EJERCICIO DE LA INGENIERIA, LA ARQUITECTURA, LA AGRIMENSURA Y PROFESIONES AFINES (CODIA - Colegio Dominicano de Ingenieros, Arquitectos y Agrimensores)

- Código de Trabajo de la República Dominicana
- Ley General sobre Medio Ambiente y Recursos Naturales, 64-00

6.2.4 Aspectos Éticos

Dentro del marco de la Ética se encuentra el Código de Ética[2] para los profesionales de esta área, el cual fue establecido por el Colegio Dominicano de Ingenieros, Arquitectos y Agrimensores.

6.3Dinámica del Entorno

6.3.1 Cambios afectando el entorno

Como hemos mencionado anteriormente, la supervivencia de una organización depende en gran parte de su habilidad para adaptarse a los cambios en el mundo que les rodea. Por tanto, no podemos limitar nuestro análisis a la estructura actual del entorno sino que también tenemos que identificar las grandes tendencias que definirán el clima en el cual la organización se desarrollará en el mediano y largo plazo. Estas complejas relaciones se pueden agrupar en cinco grandes tipos de factores. A continuación, analizaremos las principales tendencias en el orden social, económico, ético, político y tecnológico.

6.3.1.1 Tendencias Sociales

- En la República Dominicana, se ha generado un **acelerado crecimiento urbano** a medida que la población se concentra en las ciudades de Santo Domingo y Santiago. Como resultado directo de esta migración urbana, se han registrado un acelerado deterioro de la calidad de los servicios que se ofrecen en las ciudades Esto ha traído como consecuencia a su vez falta de credibilidad en los desarrolladores de proyectos. Paralelamente, con la migración del campo a la ciudad, se crean decenas de barrios marginados en donde las condiciones de vida no son adecuadas. Esto ha traído como consecuencia un acelerado aumento en la demanda hogares económicos, provocando a su vez un crecimiento del déficit habitacional.

---

[2] Ver anexo 2 del Capítulo VI: Código de Ética del CODIA

- Con el paso del tiempo, **el tamaño de la familia Dominicana se ha reducido**. Igualmente el modus vivendi de la misma ha cambiado considerablemente. Esto ha implicado cambios en el diseño de los hogares. Actualmente, se prefiere la adquisición de apartamentos por encima de viviendas unifamiliares.

- Al igual que cualquier país en desarrollo, el país ha sido afectado por un **aumento en el número de crímenes**. Esta situación ha causado que las personas busquen hogares más seguros y localizados en barrios de baja criminalidad. Esto presiona hacia arriba la demanda dentro de sectores específicos de las ciudades, aumentando por consiguiente el precio de solares y viviendas.

- Otro fenómeno social de alta relevancia para el sector constructor es la alta **migración de haitianos hacia la República Dominicana**. En la ciudad de Santo Domingo más del 60% de los obreros que laboran en el sector construcción son haitianos. Esto se ha convertido en un problema social, ya que reducen la oferta de trabajo a los obreros dominicanos con el agravante de tener un idioma y cultura diferentes a la dominicana.

6.3.1.2 Tendencias Económicas

- **La política monetaria se ha concentrado en controlar la inflación mediante controles del tipo de cambio.** Esto ha implicado que, para frenar la devaluación de la moneda, se ha restringido la cantidad de dinero en la economía, afectando negativamente a los consumidores.

- El Gobierno ha optado por **canalizar recursos hacia la construcción de obras de infraestructura** necesarias para el desarrollo nacional. Por tanto, se ha experimentado una reducción en la inversión en vivienda por parte del sector público en los últimos años. También se ha incentivado la participación del sector privado con la nueva ley de Fideicomisos y el acceso a los Fondos de Pensiones

- La **Globalización** ha implicado menores costos de materiales importados así como la entrada de nuevos competidores en el mercado.

6.3.1.3 Tendencias Éticas

- Los consumidores han comenzado a valorar una **mayor responsabilidad en lo que respecta a la calidad de la construcción**.
- Otro aspecto no menos importante es la **preocupación de la sociedad en general por la defensa del medio ambiente**

6.3.1.4 Tendencias Políticas

- El Gobierno ha enfatizado el **pago de los impuestos** para eliminar la evasión.
- En un futuro, se podrían esperar **mayores presiones para la contratación de Obra de Mano dominicana Vs. haitiana**.

6.3.1.5 Tendencias Tecnológicas

- Sin duda alguna, el sector se ha tecnificado. **Nuevos materiales así como métodos de diseño computarizado** han aminorado los costos y disminuido el tiempo de diseño y de construcción. Esto ofrece ventajas a los constructores ya que pueden entregar obras en menos tiempo y por tanto generar mayores ingresos con menor riesgo.
- Las nuevas tecnologías han permitido acoplarse a las demandas de la sociedad mediante la **construcción de edificios más altos**, permitiendo a más personas vivir en menos metros de tierra. Esto, presiona a las autoridades para poder ofrecer servicios de seguridad a la población bajo diferentes condiciones.

6.4 Expectativas Sectoriales

Cada uno de los actores que hemos identificado tiene sus propias expectativas sobre los factores que afectan al sector en el cual se desenvuelven. Sin embargo, enfocaremos nuestro análisis sobre dos aspectos de suma importancia para el sector en estos momentos.

En primer lugar, debemos destacar que la Banca Comercial ha expresó en el pasado su inconformidad con la estructura legal que favorecía a las Asociaciones de Ahorros y Préstamos. En el anexo 3 de este capítulo, podemos apreciar con mayores detalles el ciclo de vida de esta expectativa. En segundo lugar, debemos considerar la posición expuesta por las Asociaciones de Constructores, quienes sostienen que el problema de la vivienda en República Dominicana, al igual que los demás países de la región, tiene una connotación territorial, económica, social y política, por su fuerte vinculación con la situación de la pobreza que enfrentan nuestros pueblos. Esto implica que se necesita de una política de Estado integral y sostenible en la que participen los sectores público y privado, organizaciones no gubernamentales, organizaciones de base y de las familias, a fin de asegurar el acceso a una vivienda adecuada a los hogares en situación de pobreza y de bajos ingresos.

Las insuficiencias en la producción de viviendas han estado determinadas por la falta de una política coherente, ya que las políticas aplicadas se han caracterizado fundamentalmente por la intervención del sector público en la construcción de viviendas en competencia con el sector privado, por la aplicación de subsidios ineficientes y no transparentes, por la ausencia de planes de viviendas a largo plazo y por la escasez de recursos financieros.

6.5 Situación Actual del Sector Construcción

El sector construcción se ha constituido en uno de los sectores más dinámicos de la economía dominicana. En efecto, el sector registró una tasa de crecimiento anual promedio de 9.5% entre los años 1970 y 2012[3], lo cual le permitió aumentar su participación en el Producto Interno Bruto de un 5.0% en el 1970 hasta alcanzar un 13.0% al finalizar el 2012[4]. Como podemos apreciar, el sector se ha convertido en uno de los motores impulsores de la economía.

A pesar del dinamismo registrado durante la mayor parte de los años noventa, durante el año 2012, el sector construcción registró una fuerte caída en sus niveles de crecimiento, finalizando el año con una tasa de 0.9% de crecimiento. Este comportamiento se debió a la incertidumbre generada por el inicio de un nuevo gobierno, a partir de agosto del 2012. Este nuevo gobierno tomó el poder bajo una difícil situación fiscal

---

[3] Ver anexo 4 Cap. VI: Tasa de Crecimiento del Sector Construcción

[4] Ver anexo 5 Cap. VI: Tasa de Participación del Sector Construcción en el PIB

originada por altos precios del petróleo, por un déficit fiscal extraordinario e irresponsable, lo cual provocó que fuera necesario realizar una agresiva reforma fiscal. La incertidumbre generada por esta nueva reforma desincentivó de manera significativa la inversión del sector privado en la construcción.

La disminución en la liquidez de la economía ha afectado al sector construcción. Es importante resaltar que el comportamiento de la tasa de interés del mercado financiero es un factor de gran influencia en el desempeño del sector.

Luego de conocer la situación del sector construcción en su totalidad, debemos enfocar específicamente la situación del sector de construcción de viviendas, en el cual se desempeña la empresa COHECA. Este análisis puede ser realizado desde el punto de vista de la oferta así como de la demanda de viviendas.

Oferta de Viviendas en Zonas Urbanas de Santo Domingo y Santiago

A través de un estudio realizado por FONDOVIP (Fondo Nacional de Vivienda Popular) por medio de un censo de edificaciones en proceso de construcción en las ciudades de Santo Domingo y Santiago de los Caballeros, se identificó una oferta de 12,605 unidades habitacionales (7,220 apartamentos y 5,385 casas). Es importante destacar que el 81.3% de las unidades corresponde a segmentos de precios superiores a los RD$1,000,000, lo cual resulta bastante alto para la mayor parte de la población dominicana.

Demanda de Viviendas en Zonas Urbanas de Santo Domingo y Santiago

Los estudios del FONDOVIP arrojaron información acerca de la demanda de viviendas en las zonas urbanas de Santo Domingo y Santiago de los Caballeros. Se encontró que la demanda potencial corresponde a 684,872 hogares, distribuida de la siguiente manera:

- 82.9% (567.740 hogares) en Santo Domingo
- 17.1% (117.132 hogares) en Santiago de los Caballeros

La demanda insatisfecha de vivienda representa la diferencia entre la población demandante efectiva y el número de unidades habitacionales ofrecidas en el mercado formal de vivienda, específicamente, la cantidad de soluciones en oferta inmediata.

La oferta habitacional satisface solo el 3.6% de la demanda efectiva.

6.6 Expectativas de los demandantes de viviendas

6.6.1 Precio de la vivienda
Las expectativas de precio de la vivienda reflejan el valor que los hogares consideran adecuado para la solución habitacional que están interesados en adquirir.

6.6.2 Preferencias Cualitativas
El tipo de vivienda preferido, en mayor proporción, por los hogares demandantes efectivos corresponde a casas (63.3%), aproximadamente uno de cada cinco hogares está interesado en adquirir un solar urbanizado con servicios, mientras que el 8% prefiere un apartamento.

6.7 Implicaciones del Entorno sobre la Empresa

6.7.1 Identificación de Escenarios

Con la finalidad de establecer la estrategia óptima para COHECA en el mediano y largo plazo, consideramos importante la generación de varios posibles escenarios. Estos escenarios han sido diseñados en base a las tendencias, expectativas y situación actual del sector constructor. Al mismo tiempo, estos escenarios nos facilitan la creación de una visión futura para guiar nuestros pasos actuales.

6.7.1.1 Escenario Más Probable[5]

Ambiente Económico

Según nuestras proyecciones, el ambiente económico en el mediano y largo plazo representará una leve mejoría impulsada básicamente por una mayor disponibilidad de recursos gubernamentales como resultado de una nueva política monetaria. La mayor liquidez disponible dentro del sistema financiero favorecerá una ligera reducción en las tasas de interés. Asimismo, la entrada en vigencia del nuevo sistema de fondos de pensiones implicará un mayor acceso a recursos frescos.

Ambiente Político

Se pudiese esperar mayores esfuerzos gubernamentales hacia el fomento de las inversiones en viviendas. Estos esfuerzos se realizarán en conjunto con el sector privado.

Aspectos Reglamentarios

Existe la seguridad con el uso de los Fideicomisos de lograr exenciones para la construcción de viviendas cuyo precio no exceda RD$2 millones. Estos cambios favorecerán al sector constructor ampliando su acceso a nuevas fuentes de financiamiento.

Ambiente Social

En el orden social, podemos esperar que los sindicatos de obreros ejerzan presiones sobre las constructoras y el Gobierno a fin de lograr aumentos salariales.

Por otra parte, estimamos que se mantenga en alza la demanda de viviendas en las ciudades de Santo Domingo y Santiago.

---

[5] Ver anexo 7 Cap. VI: Enfoque Macroeconómico Escenario Más Probable

6.7.1.2 Escenario Pesimista[6]

Ambiente Económico

Dentro de este escenario, se proyecta una disminución considerable de la liquidez del sistema financiero, como resultado de una prolongada recesión económica a nivel internacional.

Esto generaría mayores tasas de interés y una menor demanda de viviendas. Igualmente, podría esperarse un aumento del tipo de cambio y, por ende, altos niveles de inflación.

Ambiente Político

Se esperaría que el Gobierno realice menores inversiones en el sector construcción, acentuando una posible recesión de la industria. Además, se pudiese esperar la creación de nuevos impuestos a las viviendas.

Ambiente Social

Bajo este escenario, es muy probable que se generen fuertes presiones por parte de los sindicatos de la construcción para aumentar los sueldos. Es muy posible que algunos de estos aumentos se realicen incluso por decreto del Poder Ejecutivo. Esto podría influir negativamente en el desarrollo de la industria de la construcción, tomando en consideración que la Obra de Mano es un 30% del costo total de la obra.

6.7.1.3 Escenario Optimista[7]

Ambiente Económico

Bajo este escenario, se espera un ambiente económico internacional muy favorable. Esto favorecería un mayor nivel de crecimiento económico en el país así como pudiese generar una apreciación de la moneda frente al dólar norteamericano.

---

[6] Ver anexo 8 Cap. VI: Enfoque Macroeconómico Escenario Pesimista

[7] Ver anexo 9 Cap. VI: Enfoque Macroeconómico Escenario Optimista

Al mismo tiempo, se esperaría una reducción en las tasas de interés a medida que mejoren los niveles de liquidez de la economía. Todo lo anterior, favorecería al sector por medio de acceso a financiamiento y por reducción de costos de construcción.

Ambiente Político

Se estima una agresiva política y participación por parte del Gobierno, participando mediante otorgar incentivos fiscales, exoneraciones en la importación de maquinarias, equipos y materiales.

Ambiente Social

Considerando las mejoradas condiciones económicas, se disminuirían las presiones de alzas salariales.

6.7.2 Impacto de cada escenario sobre la Empresa

Si deseamos medir efectivamente el impacto de cada uno de estos escenarios y generar recomendaciones estratégicas para la empresa, debemos primeramente detallar algunos de los principales aspectos de COHECA.

6.7.2.1 Descripción de la Empresa

La Constructora COHECA inició sus labores en el año 1984 en la ciudad de San Francisco de Macorís como una pequeña empresa de construcción dedicada a la promoción de viviendas (construcción y venta). La empresa fue fundada por un grupo de 4 ingenieros civiles y 1 arquitecto. Actualmente, se mantienen activos tan sólo dos de los socios fundadores.
A través de sus 18 años de existencia, la empresa ha tenido un desarrollo creciente y sostenido, pasando de pequeña empresa constructora hasta una de tamaño medio. La empresa pasó de facturar RD$200,000 por año en sus inicios hasta RD$80 millones anuales en los momentos actuales.

En sus inicios, COHECA se dedicó también al alquiler de equipos livianos de construcción (compactadores, vibradores de concreto, ligadoras de concreto, etc...).

También, se dedicó a la venta de materiales granulares (arena, gravilla, grava) y fue propietaria de una moderna fábrica de bloques de hormigón en la ciudad de San Francisco de Macorís.

La empresa ha basado su crecimiento en la excelencia de sus servicios profesionales, preocupándose por la satisfacción de su clientela y promoviendo construcciones seguras a precios asequibles[8].

El personal de la empresa consta realmente de dos partes. Primeramente, la estructura mínima de trabajo (2 Secretarias, 1 Contador, 1 ayudante de contabilidad, 2 Guardianes, 4 Ingenieros y 1 Arquitecto, así como 2 personas de mayordomía). El resto del personal es móvil y en la actualidad asciende aproximadamente a 100 personas.

La gran parte de su trabajo es realizado por la constructora únicamente, utilizando sus propios empleados en la totalidad de las obras que realiza. Sin embargo, en contadas ocasiones ha otorgado subcontratos, esencialmente en el área de impermeabilización y en las instalaciones eléctricas de las edificaciones que construye.

6.7.2.2 Misión y Visión de la Empresa

6.7.2.2.1 Misión

La Constructora Herrera Khoury es una empresa orientada a la satisfacción total de sus clientes, proporcionando viviendas seguras a precios competitivos.

6.7.2.2.2 Visión

Ampliar los negocios y mercados para lograr posicionarnos como una de las 10 primeras empresas en construcción de viviendas del país.

---

[8] Ver anexo 6 Cap. VI: Listado obras realizadas por COHECA

6.7.2.2.3 Valores de la Empresa

- Buen servicio al cliente
- Ofrecer productos de la mejor calidad
- Ofrecer productos seguros
- Protección del Medio Ambiente
- Respeto a la dignidad humana
- Trabajo en equipo
- Capacitación y desarrollo permanente de los Recursos Humanos

6.7.2.3 Fortalezas y Debilidades de la Empresa

6.7.2.3.1 Fortalezas

- Trabajo en Equipo
- Know How del negocio
- Experiencia
- Precios Adecuados
- Oferta de Productos de Buena Calidad
- Protección al Medio Ambiente
- Adherencia a Valores y Principios Éticos de la Profesión
- Empresa Vanguardista (Proactiva)

6.7.2.3.2 Debilidades

- Empresa Familiar
- Decisiones y procesos centralizados
- Recursos Económicos limitados

6.7.3 Recomendaciones

6.7.3.1 Estrategias disponibles para la empresa

La empresa COHECA debe determinar cuál sería su estrategia óptima bajo cada uno de los escenarios identificados. A continuación presentamos algunas de nuestras recomendaciones.

Escenario Más Probable

Nuestras recomendaciones bajo este escenario serían que la empresa aumente sus esfuerzos ante las autoridades Gubernamentales a fin de formar parte de los proyectos para fomento de vivienda de bajo costo, algo en lo cual la empresa ya cuenta con bastante experiencia.

Asimismo, se deberán realizar esfuerzo para fomentar los contactos de negocio con la Banca Comercial, quienes estarán más dispuesto a canalizar recursos hacia la construcción.

Otro aspecto importante de esta estrategia estaría enfocado hacia las operaciones de la empresa en Santo Domingo. Estos esfuerzos incluirán el desarrollo de proyectos en la ciudad, por lo cual pudiese ser necesario ampliar las oficinas en la ciudad para acomodar un mayor cúmulo de trabajo.

Escenario Pesimista

Ante este escenario, la estrategia de la empresa debiera enfocarse en disminuir sus costos lo más posible.

Para estos fines, se pudiese implementar diversas tecnologías disponibles en el mercado, especialmente en lo relacionado con materiales novedosos de más rápida aplicación.

Es importante destacar que en este esquema, no se contemplaría ningún tipo de ampliación de la estructura física de la empresa sino que se trataría de reducir a un mínimo su estructura de costos operativos.

Escenario Optimista

Ante este escenario, recomendamos a la empresa moverse de manera agresiva y ampliar sus operaciones para maximizar sus beneficios. COHECA pudiese adquirir equipos de construcción y generar ingresos adicionales mediante el alquiler de los equipos a otras constructoras, ya que la demanda se habrá creado por el dinamismo generado en el sector.

En este mismo sentido, la empresa pudiera iniciar proyectos más ambiciosos de construcción, como megaproyectos habitacionales. Por último, consideraríamos necesario realizar una la ampliación de sus oficinas en Santo Domingo y la probable apertura de una oficina en Santiago para aumentar su margen de influencia.

¿Qué estrategia elegir?

En lo que respecta a nuestra recomendación final sobre la estrategia de COHECA en el mediano y largo plazo, tomaremos como base el escenario que hemos identificado como el más probable.

En este orden, mantenemos las recomendaciones anteriormente mencionadas;

- Aumentar esfuerzos ante las autoridades Gubernamentales
- Fomentar los contactos de negocio con la Banca Comercial
- Desarrollo de mayores proyectos en la ciudad de Santo Domingo (ampliar las oficinas en la ciudad)

Ahora bien, existen algunas acciones que, en nuestra opinión, debieran ser aplicadas bajo cualquier escenario. En efecto, la empresa deberá aumentar su enfoque hacia la construcción de viviendas de bajos costos ya que hemos identificado grandes oportunidades por la actual demanda insatisfecha.

Finalmente, consideramos sumamente importante que la empresa realice contactos para identificar un socio a nivel internacional. La adopción de un socio internacional pudiera implicar acceso a recursos a menores costos, la transferencia de conocimientos esenciales en reducción de costos. Igualmente, facilitaría grandemente la capacidad de la empresa para asumir proyectos a mayor escala y, por tanto de mayor rentabilidad.

Conclusión

El estudio que hemos realizado ha sido el resultado de la descripción clara del entorno en el cual realiza sus actividades la empresa Constructora COHECA, esto nos permitió fijar las estrategias que asegurarán el éxito de la empresa en el mediano y largo plazo.

Luego de analizar el entorno circundante de la constructora, con sus diferentes actores en los subsistemas económico, social y político con sus correspondientes influencias y grados de intensidad dentro de un marco legal bien reglamentado, se analizaron las principales tendencias actuales y futuras permitiendo crear tres diferentes escenarios (más probable, pesimista y optimista). Esto sirvió para externar las recomendaciones de lugar que ayudarán a la Empresa Constructora para asimilar rápidamente los cambios en el mundo que le rodea.

Como pudimos observar, la Construcción de viviendas económicas es la mejor opción para la empresa, aunque esto no significa que no se puedan realizar inversiones en otros rubros como el que tenemos en carpeta. Los resultados de la evaluación financiera serán en consecuencia determinantes para decidir sí invertimos en el proyecto planteado o no.

La Evaluación financiera se deja para que sea realizada por el lector.

ANEXOS DEL CAPITULO VI

Anexo 1 (Capítulo VI)

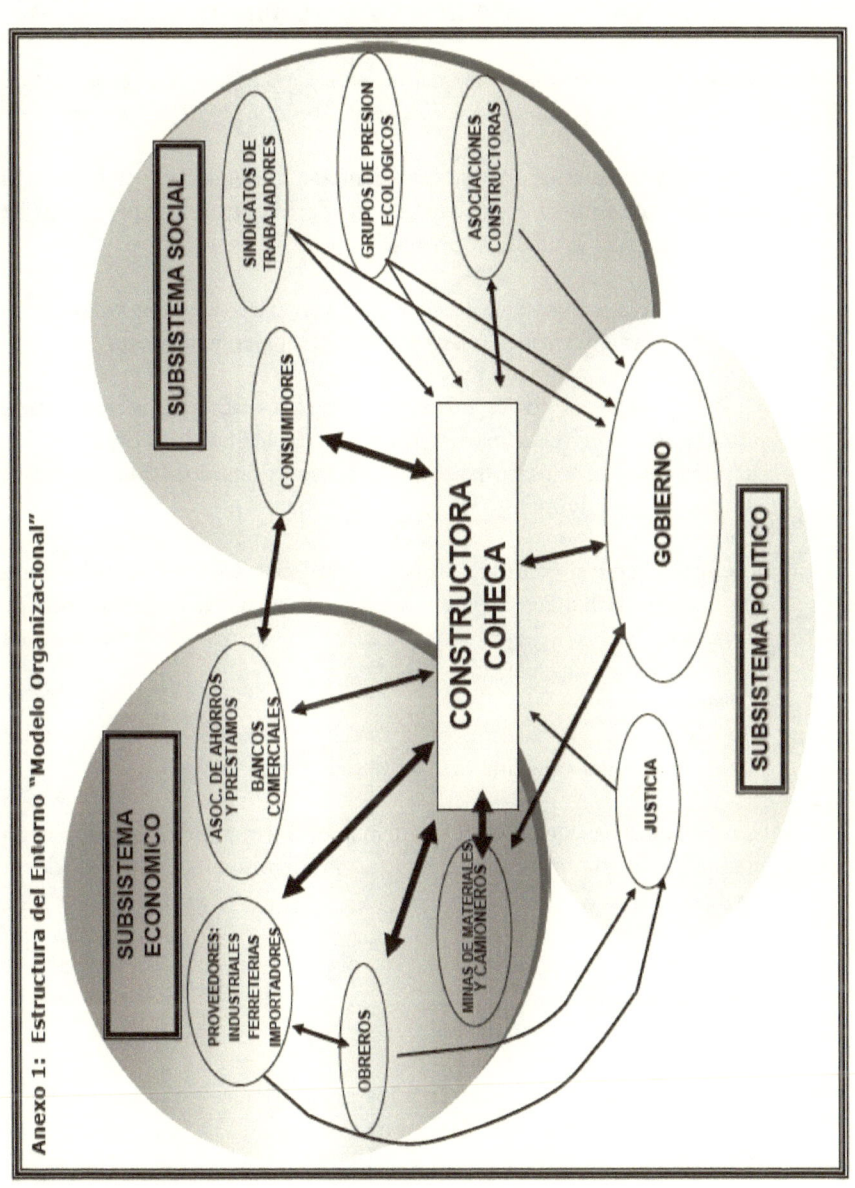

Anexo 1: Estructura del Entorno "Modelo Organizacional"

Anexo 2 (Capítulo VI)

Código de Ética Profesional del Colegio Dominicano de Ingenieros, Arquitectos y Agrimensores (CODIA)

Se considera contrario a la ética e incompatible con el digno ejercicio de la profesión para un miembro del Colegio Dominicano de Ingenieros, Arquitectos y Agrimensores;

1. Actuar en cualquier forma que tienda a menoscabar el honor, la dignidad, el respeto, la capacidad y los demás atributos que sirven de base al ejercicio cabal de la profesión

2. Violar, permitir que se violen o influenciar para que sean violadas las leyes y reglamentaciones relacionadas con el ejercicio profesional

3. Utilizar posiciones en organismos o entidades oficiales, semioficiales, autónomas o privadas para actuar con deslealtad en contra de los genuinos intereses nacionales o que tengan consecuencias contrarias al buen desenvolvimiento de los profesionales

4. Recibir, ofrecer u otorgar comisiones indebidas o utilizar influencias reñidas con la lícita competencia para conseguir el otorgamiento de contratos, trabajos o ejecución de obras en forma privilegiada en su favor o en el de sus allegados o socios

5. Ofrecerse para el desempeño de funciones o especialidades para las cuales no tengan capacidad y experiencia razonables

6. Anunciarse o expresarse de si mismo en términos laudatorios o en cualquier forma que atente contra la dignidad y seriedad de la profesión

7. Eximirse del cumplimiento de las obligaciones que su posición o cargo le exija y hacer respetar, ya sea por conveniencia, coacción o lazos de amistad o parentesco

8. Ofrecer, solicitar o prestar servicios profesionales por remuneración menores a las establecidas como mínimas en el Arancel de Honorarios Profesionales del CODIA

9. Hacerse responsable de trabajos o proyectos que no estén bajo su mediata dirección, revisión o supervisión

10. Encargarse, sin que se hayan realizado todos los estudios técnicos dispensables para su correcta ejecución, o cuando para la realización de mismas se hayan señalado plazos, precios y otras condiciones reñidas con la buena práctica de la profesión

11. Usar las ventajas inherentes a un cargo remunerado para competir con la práctica profesional independientemente de otros profesionales

12. Atentar contra la reputación y/o legítimos derechos e intereses de otros profesionales

13. Adquirir intereses que, directa o indirectamente, colidan con los de la empresa o clientes que emplean sus servicios, o encargarse, sin conocimiento de los interesados, de trabajos en los cuales existan intereses antagónicos

14. Suplantar o intentar suplantar a un colegiado en un contrato particular después de que hayan sido tomadas decisiones definidas para el empleo de éste en el contrato, y sustituir a un profesional colegiado que haya cancelado o suspendido en sus funciones por situaciones políticas o ideológicas en forma discriminatoria y arbitraria

15. Propiciar, servir de instrumento o amparar con su nombre el desplazamiento injusto de profesionales dominicanos, por compañías o personas extranjeras radicadas en el país, o perseguir igual finalidad si se encontraren el exterior

16. Intentar por cualquier medio socavar y/o menospreciar el prestigio del CODIA y, en cualquier forma, contribuir, propiciar o alentar que se deroguen o eliminen las leyes, reglamentos, principios, fines y propósitos del Colegio sin el consentimiento de sus órganos competentes, o que en modo alguno puedan provocar la desintegración o el debilitamiento de los organismos estatutarios del Colegio

CICLO DE VIDA DE LA EXPECTATIVA DE "IGUALDAD DE CONDICIONES PARA LA BANCA"

1. SURGIMIENTO:

A través de la Asociación de Bancos Comerciales, la Banca Comercial externó sus necesidades de contar con igualdad de condición para competir frente a las Asociaciones de Ahorros y Préstamos.

2. FORMULACION:

Se realizaron reuniones entre los representantes de la Banca Comercial y de las Asociaciones de Ahorros y Préstamos conjuntamente con las autoridades monetarias para la formulación de una solución.

3. INSTITUCIONALIZACION:

Actualmente se ha formulado el Proyecto de Ley de Rectificación Tributaria, el cual de ser aprobado otorgaría la igualdad de condiciones en préstamos hipotecarios para viviendas con precio menor de RD\$2 millones de pesos.

4. RE-ACTIVACION:

No aplica en estos momentos.

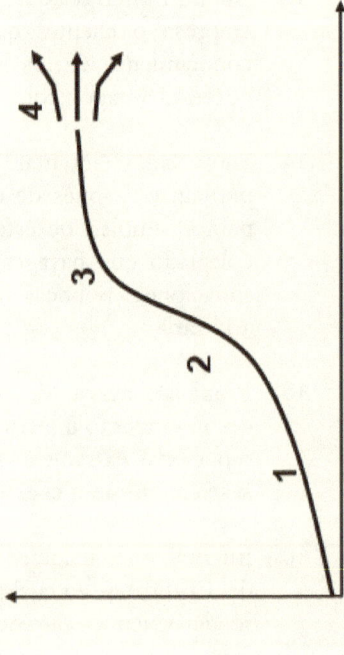

Anexo 4 (Capítulo VI)

Anexo 4
Tasa de Crecimiento Anual Real
Sector Construcción (1970-2001)

Anexo 5 (Capítulo VI)

Anexo 5
Tasa de Participación del
Sector Construcción en el Producto Interno Bruto Real
(1970-2001)

Anexo 6 (Capítulo VI)

Algunas Obras Realizadas por COHECA

- Viviendas Individuales para clientes particulares
- Construcción de dos discotecas en San Francisco de Macorís (SFM)
- Construcción Banco Mercantil en SFM
- Construcción de 18 Viviendas para su venta posterior en la Urbanización Almánzar de SFM
- Construcción de 80 Apartamentos en el Proyecto Habitacional Los Rieles (Estado Dominicano)
- Construcción del Banco del Exterior Dominicano en SFM
- Construcción del Centro Paulo VI (Complejo de Dormitorios, Iglesia, Centro Comunal) para la Iglesia Católica
- Construcción de la Asociación Duarte de Ahorros y Préstamos
- Construcción anexo del Centro Médico Dr. Ovalle en la ciudad de SFM
- Construcción de dos (2) Naves en la Zona Franca Industrial de SFM (Estado Dominicano)
- Construcción de los Edificios de Aulas # 1 y #2 de la Universidad Católica Nordestana (UCNE)
- Proyecto de 22 viviendas para CODETEL en la Urbanización Toribio – Piantini
- Construcción de 3 tramos del Acueducto del Cibao Central (Estado Dominicano)
- Construcción de la 2da y 3era Etapas de la Urbanización Toribio Piantini en SFM
- Construcción de la 2da Etapa de la Urbanización Brisas del Canal en la ciudad de Baní
- Construcción de la Urbanización El Dorado, Villa Mella, Santo Domingo, D.N.
- Construcción del San Diego Campo Club en SFM
- Construcción del Edificio HK en SFMConstrucción de la Escuela de Baseball Las Caobas y cuatro (4) Plays de baseball
- Construcción de 46 viviendas para In.

Anexo 7 (Capítulo VI)

Anexo 7

ENFOQUE MACROECONOMICO ESCENARIO MAS PROBABLE

- MAYOR OFERTA DE DINERO EN EL MERCADO (EMISION DE BONOS)
- MAYOR GASTO GUBERNAMENTAL (PROMOCION VIVIENDAS E INFRAESTRUCTURA)
- IGUALDAD CONDICIONES BANCOS Y ASOCIACIACIONES

- DISMINUCION COSTOS POR MENOS TASAS INTERES
- AUMENTO PROYECTOS VIVIENDAS
- PRESION ALZA SUELDOS

- AUMENTO EN DEMANDA AGREGADA
- MAYOR OFERTA PARA SUPLIR LA DEMANDA EFECTIVA
- AUMENTO EN OFERTA AGREGADA

- INCREMENTO EN PRODUCCION
- INCREMENTO EN EMPLEO
- ESTABILIDAD PRECIOS
- ESTABILIDAD CAMBIARIA

Anexo 8 (Capítulo VI)

Anexo 8

ENFOQUE MACROECONOMICO ESCENARIO PESIMISTA

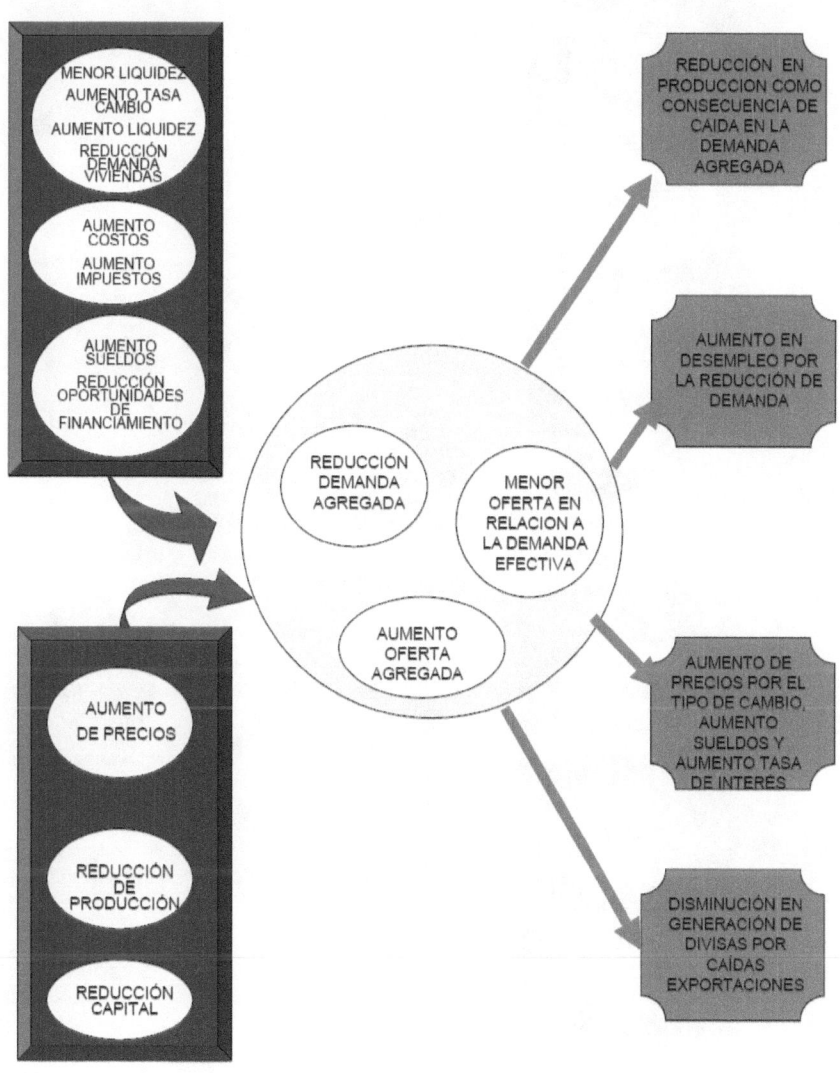

Anexo 9 (Capítulo VI)

Anexo 9

ENFOQUE MACROECONOMICO ESCENARIO OPTIMISTA

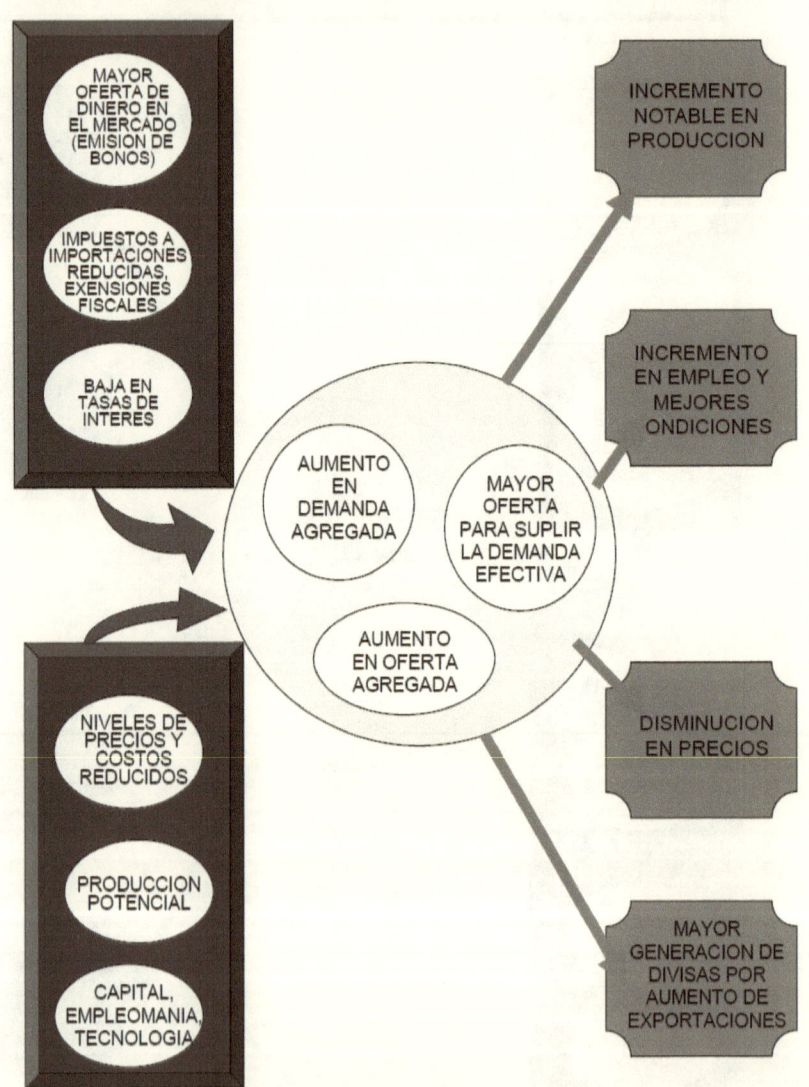

Anexo 10 (Capítulo VI)

Anexo 10

ESTRUCTURA DEL ENTORNO DE LA FIRMA

SUBSISTEMA ECONOMICO	SUBSISTEMA POLITICO	SUBSISTEMA SOCIAL

MERCADO

❖PROVEEDORES:
-INDUSTRIALES
-FERRETERIAS
-IMPORTADORES

❖MINAS DE MATERIALES Y CAMIONEROS

❖OBREROS

GOBIERNO

❖PODER EJECUTIVO
❖PODER LESGISLATIVO
❖PODER JUDICIAL

SOCIEDAD CIVIL

❖CONSUMIDORES
❖SINDICATOS DE TRABAJADORES

❖GRUPOS DE PRESION ECOLOGICOS

PODER ECONOMICO

Asociaciones de Ahorros y Préstamos

Bancos Comerciales

PODER ADMINISTRATIVO

-CATASTRO
-Ayuntamientos (Planeamiento Urbano)
-Secretaría de Estado de Obras Públicas
-Instituto Nacional de Agua Potable y Alcantarillados (INAPA)
-Corp. de Acueductos y Alcantarillados de Santo Domingo (CAASD)
-Instituto Nacional de la Vivienda (INVI)
-Banco Nacional de la Vivienda (BNV)
-Oficina de Ingenieros Supervisores de Obras del Estado Adscrita al Poder Ejecutivo (OISOE)
-Secretaría de Estado de Trabajo (SET)
-Infraestructura Turística (INFRATUR)
-Tribunal de Tierras
-Secretaría de Estado de Medio Ambiente

REGLAS:
-Código Civil
- Ley de Registro de Tierras No. 1542
- Ley 6-86
- Ley 6200, Ley de Ejercicio de la Ingeniería, la Arquitectura, la Agrimensura y profesiones afines.
- Código de Trabajo de la Rep. Dominicana
- Convenios Ratificados de la Sec. de Estado de Trabajo
- Ley General sobre Medio Ambiente y Recursos Naturales, 64-00

PODER SOCIAL

❖ASOCIACIONES CONSTRUCTORAS

- Colegio Dominicano de Ingenieros, Arquitectos y Agrimensores (CODIA)
-Asociación de Constructores y Promotores de Viviendas (ACOPROVI)
-Cámara Dominicana de la Construcción (CADOCOM)

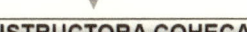

CONSTRUCTORA COHECA

ANEXOS

ANEXO 1: PLANOS DETALLADOS VILLA TURISTICA

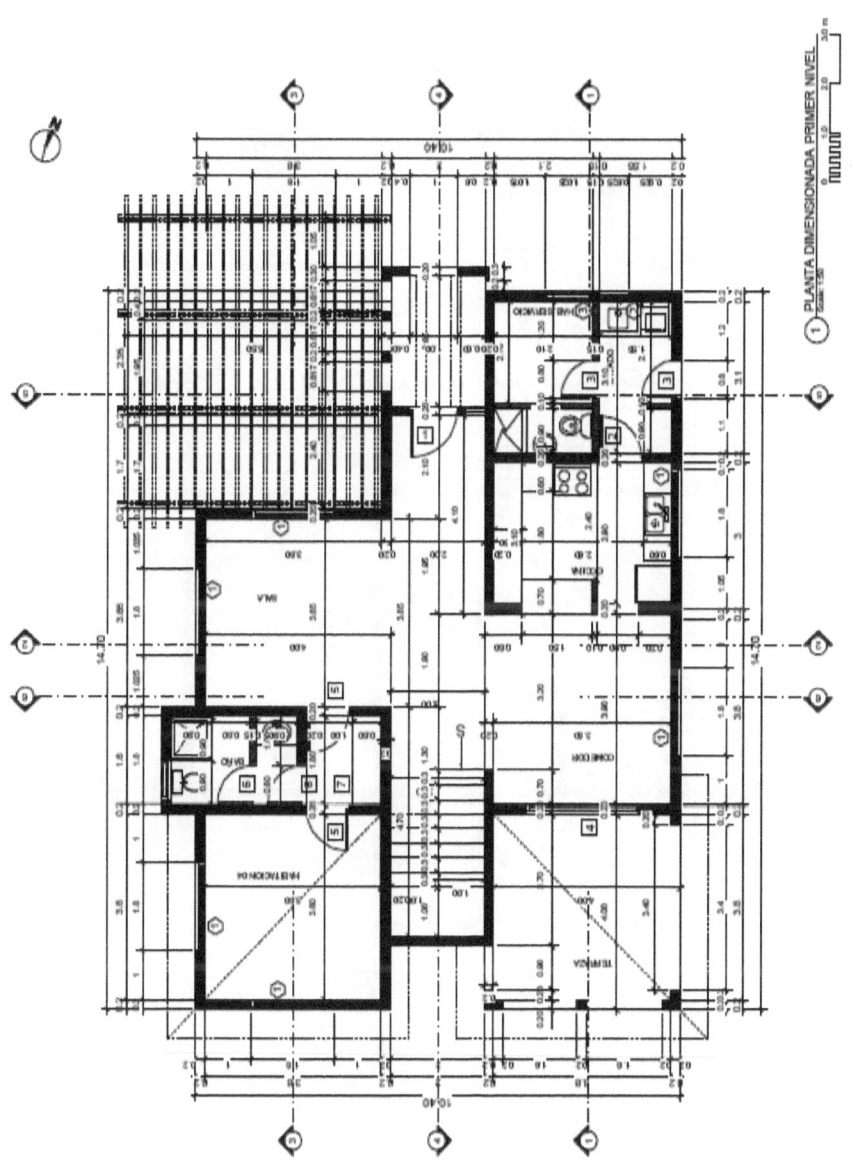

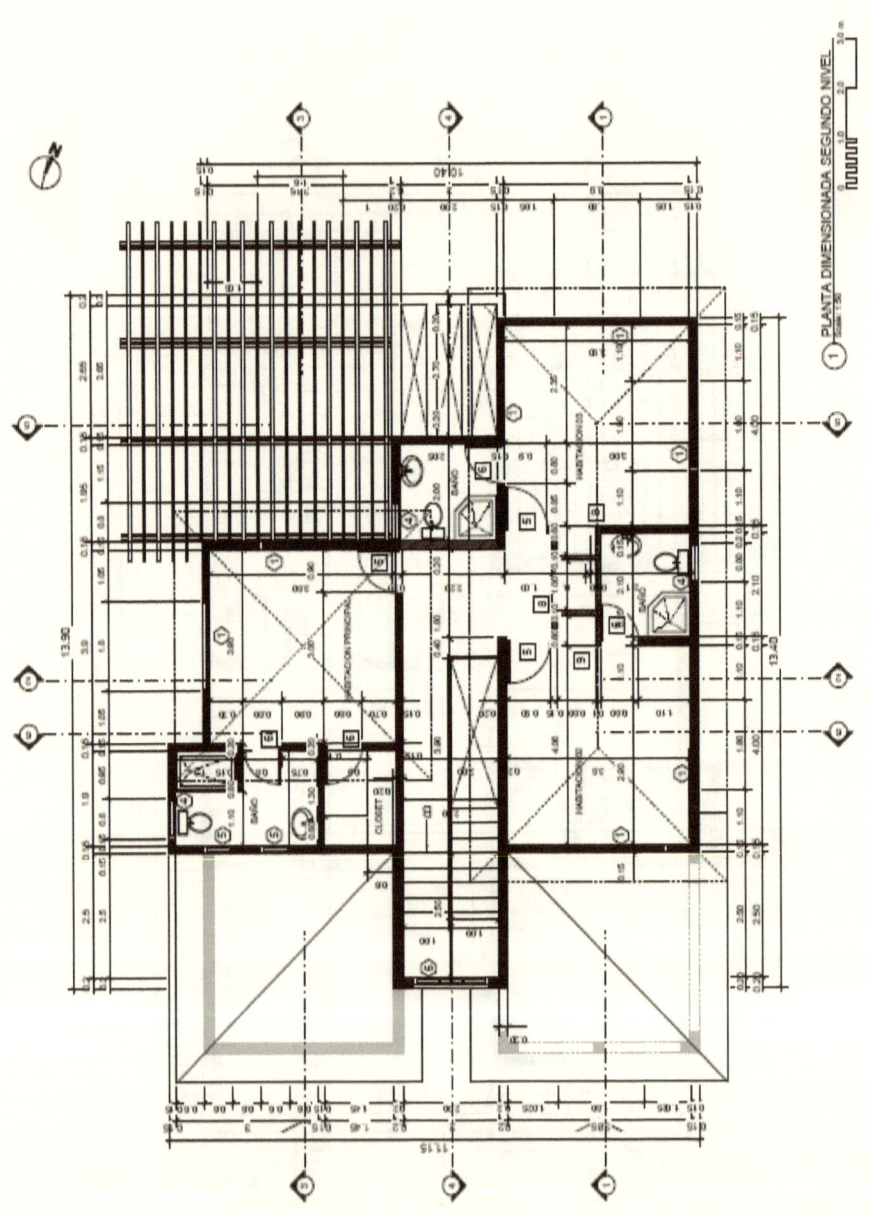

PLANTA DIMENSIONADA SEGUNDO NIVEL

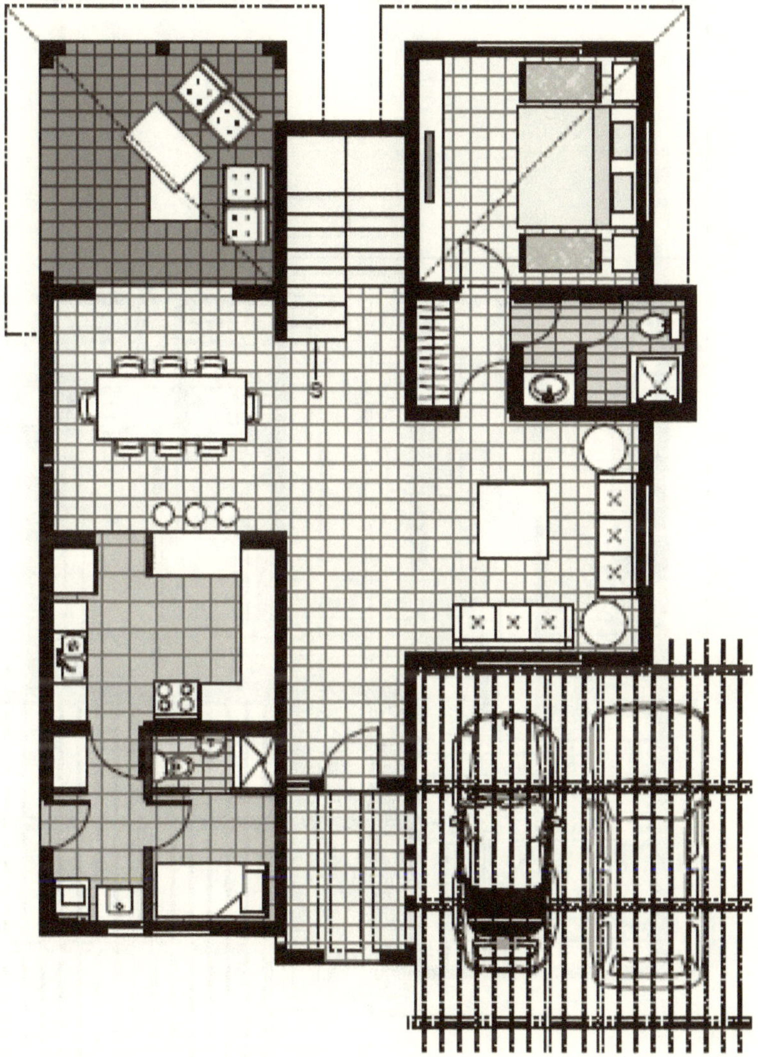

PLANTA AMUEBLADA PRIMER NIVEL
Scale: 1:100   0   1.0   2.0   3.0 m

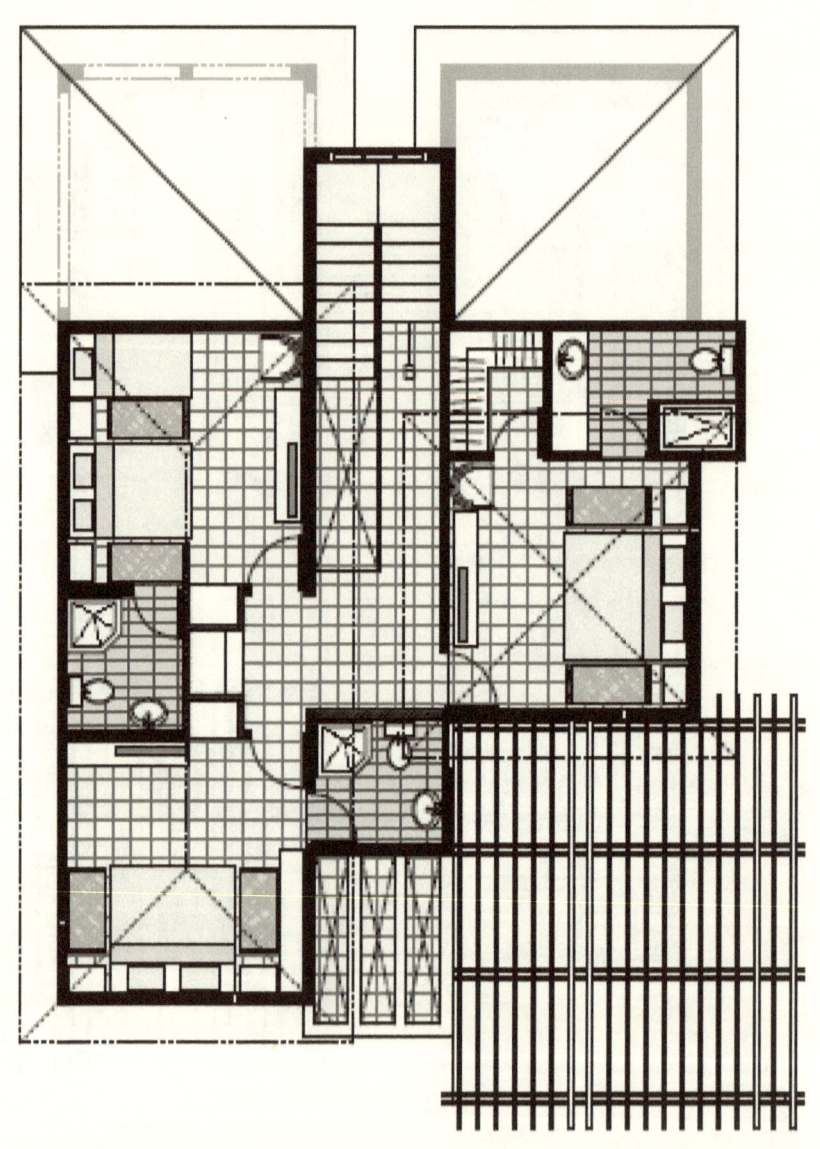

2 PLANTA AMUEBLADA SEGUNDO NIVEL
Scale: 1:50   0   1.0   2.0   3.0 m

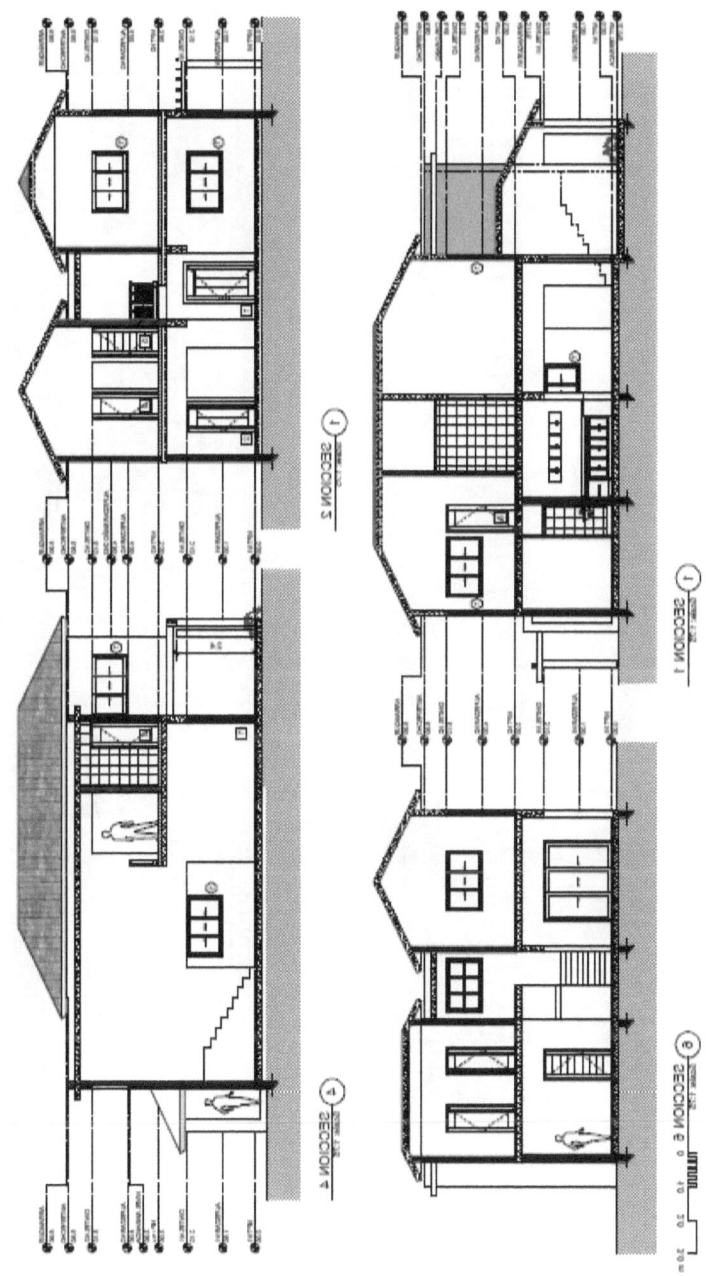

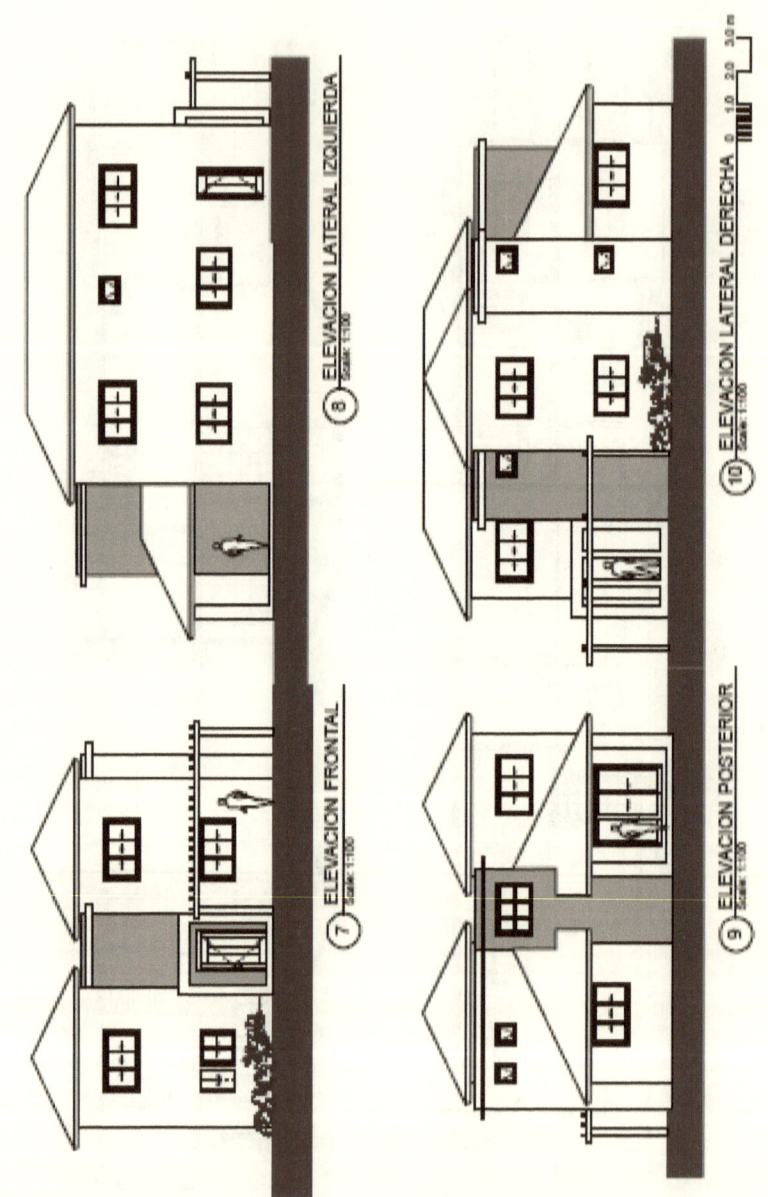

8 ELEVACION LATERAL IZQUIERDA
Scale: 1:100

7 ELEVACION FRONTAIL
Scale: 1:100

10 ELEVACION LATERAL DERECHA
Scale: 1:100

9 ELEVACION POSTERIOR
Scale: 1:100

0 1.0 2.0 3.0 m

ANEXO 2: Presupuesto Detallado de la obra

No.	PARTIDA	Cant	Un	P.U	Sub Total	TOTAL
	PROYECTO: VILLAS GUAVABERRY					
	PRESUPUESTO VILLA TURISTICA (A = 239 MT2)			**Mayo de 2013**		
1.000	**CONDICIONES GENERALES**					10,000.00
1.001	INGENIERÍA	1.00	Ud	0.00	10,000.00	
2.000	**TRABAJOS PRELIMINARES**					31,979.86
2.001	LIMPIEZA Y ACONDICIONAMIENTO SOLAR	1.00	PA	5,000.00	5,000.00	
2.002	CASETA PARA MATERIALES	1.00	PA	20,000.00	20,000.00	
2.003	REPLANTEO (MT2)	123.45	M2	56.54	6,979.86	
3.000	**PREPARACIÓN DEL TERRENO**					6,760.80
3.001	FUMIGACIÓN	225.36	M2	30.00	6,760.80	
4.000	**MOVIMIENTO DE TIERRA**					87,996.80
4.001	EXCAVACIÓN EN ROCA	30.65	M3N	1,100.00	33,715.00	
4.002	RELLENO DE REPOSICION	15.14	M3S	260.00	3,936.40	
4.003	RELLENO CALICHE COMP/MACO	54.00	M3C	420.00	22,680.00	
4.004	RELLENO CALICHE COMP/MACO INTERIOR	65.87	M3C	420.00	27,665.40	
5.000	**BAJO NIVEL DE PISO**					201,327.80
5.001	H.A ZAPATA DE COLUMNA	0.50	M3	11,000.00	5,500.00	
5.002	H.A ZAPATA DE MUROS 0.15MT	1.27	M3	10,000.00	12,700.00	
5.003	H.A ZAPATA DE MUROS 0.20MT	6.75	M3	10,100.00	68,175.00	
5.004	Pichones columnas	0.14	M3	19,000.00	2,660.00	
5.005	BLOQUES DE 8" 3/8 @ 0.40 BNP	41.52	M3	740.00	30,724.80	
5.006	BLOQUES DE 6" 3/8 @ 0.40 BNP	13.70	M2	640.00	8,768.00	
5.007	H.A. LOSA DE PISO CON MALLA E=0.10MT	104.00	M2	700.00	72,800.00	
	PRIMER NIVEL					
6.000	**HORMIGÓN ARMADO**					172,400.00
6.001	H.A. COLUMNAS C1 0.20 X 0.20	0.55	M3	19,000.00	10,450.00	
6.002	H.A. EN DINTEL ENTREPISO 0.20*0.20	0.65	M3	16,700.00	10,855.00	
6.003	H.A. VIGAS ENTREPISO 0.20*0.30	0.96	M3	19,000.00	18,240.00	
6.004	Viga amarre nivel entrepiso	2.22	M3	16,700.00	37,074.00	
6.005	H.A. VIGA PLANA	0.21	M3	8,100.00	1,701.00	
6.006	H.A. LOSA PLANA	9.80	M3	9,600.00	94,080.00	
7.000	**MUROS DE**					114,802.80
7.001	BLOQUES DE 4" 3/8 @ 0.80	10.05	M2	620.00	6,231.00	
7.002	BLOQUES DE 6" 3/8 @ 0.80	30.72	M2	640.00	19,660.80	
7.003	BLOQUES DE 8" 3/8 @ 0.80	120.15	M2	740.00	88,911.00	
8.000	**TERMINACION DE SUPERFICIE**					143,134.40
8.001	FRAGUACHE	67.80	M2	40.00	2,712.00	
8.002	PAÑETE INTERIOR CON MORTERO	138.62	M2	270.00	37,427.40	
8.003	PAÑETE EXTERIOR CON MORTERO	96.87	M2	300.00	29,061.00	
8.004	CANTOS CON MORTERO	145.00	ML	150.00	21,750.00	
8.005	PAÑETE DE YESO EN TECHO (TODO COSTO	98.00	M2	300.00	29,400.00	
8.006	PAÑETE EN TECHO	11.95	M2	320.00	3,824.00	
8.007	CORNISA DE YESO TODO COSTO	63.20	ML	300.00	18,960.00	

Presupuesto: Página 2

No.	PARTIDA	Cant	Un	P.U	Sub Total	TOTAL
9.000	TERMINACIÓN EN PISOS					85,683.00
9.001	CERÁMICA IMPORTADA P/PISO	81.00	M2	750.00	60,750.00	
9.002	ZÓCALO CERÁMICA IMPORTADA	46.98	ML	150.00	7,047.00	
9.003	CERÁMICA IMPORTADA DE EXTERIOR	17.90	M2	770.00	13,783.00	
9.004	ZÓCALO CER. IMPORTADA DE EXTERIOR	11.30	ML	160.00	1,808.00	
9.005	PISO HORMIGÓN MESETAS	5.10	M2	450.00	2,295.00	
10.000	TERMINACIÓN DE ESCALERAS					125,000.00
10.001	ESCALERA	1.00	PA	80,000.00	80,000.00	
10.002	ESCALÓN DE CERÁMICA	1.00	PA	25,000.00	25,000.00	
10.003	Pasamanos	1.00	PA	20,000.00	20,000.00	
12.000	REVESTIMIENTOS					17,590.67
12.001	CERÁMICA IMPORTADA DE PARED	24.00	M2	750.00	18,000.00	
12.002	CENEFAS IMPORTADAS	7.40	ML	300.00	2,220.00	
13.000	INSTALACIÓN SANITARIA					195,300.00
13.001	DUCHA CON PUERTA Baño Dormitorio 1	1.00	UD	11,500.00	11,500.00	
13.002	Lavamanos Dormitorio	1.00	UD	4,500.00	4,500.00	
13.003	Inodoro dormitorio	1.00	UD	6,500.00	6,500.00	
13.004	Inodoro Servicio	1.00	UD	4,500.00	4,500.00	
13.005	Lavamanos Servicio	1.00	UD	2,550.00	2,550.00	
13.006	ESPEJO EN BAÑO Servicio	1.00	UD	850.00	850.00	
13.007	ACCESORIOS DE BAÑO Servicio	1.00	UD	950.00	950.00	
13.008	Accesorios de Baño	1.00	JUEGO	2,500.00	2,500.00	
13.009	DUCHA BAÑO SERVICIO	1.00	Ud	750.00	750.00	
13.010	BARRA P/CORTINA D/BANO	1.00	UD	600.00	600.00	
13.011	FREGADERO DOBLE DE ACERO INOX.	1.00	UD	3,500.00	3,500.00	
13.012	Lavadero	1.00	UD	4,500.00	4,500.00	
13.013	SALIDA DE AGUA P/ LAVADORA	1.00	UD	800.00	800.00	
13.014	DESAGÜE D/PISO 2" INST. A TUB. MATRIZ 4"	2.00	UD	800.00	1,600.00	
13.015	VENTILACIÓN 3"	3.00	UD	500.00	1,500.00	
13.016	SALIDA GAS PROPANO POLIETILENO	1.00	UD	900.00	900.00	
13.017	CÁMARA D/INSPECCION ROCA	5.00	UD	3,600.00	18,000.00	
13.018	TRAMPA DE GRASA ROCA	1.00	UD	7,800.00	7,800.00	
13.019	CÁMARA SÉPTICA ROCA	1.00	UD	20,000.00	20,000.00	
13.020	FILTRANTE	1.00	UD	6,500.00	6,500.00	
13.021	TUBERÍAS Y PIEZAS SAN Y POT. VILLA	1.00	UD	35,000.00	35,000.00	
13.022	MANO DE OBRA PLOMERIA VILLA	1.00	PA	60,000.00	60,000.00	
14.000	COCINA					138,000.00
14.001	TOPE GRANITOP	1.00	P2	30,000.00	30,000.00	
14.002	GABINETES EN GENERAL MODULARES	1.00	PL	108,000.00	108,000.00	
15.000	PORTAJE					105,670.00
15.001	PUERTA EXT. Madera Preciosa	22.60	P2	1,450.00	32,770.00	
15.002	PUERTA DE PASO Madera Preciosa	4.00	Ud	13,500.00	54,000.00	
15.003	PUERTA CORREDERA	54.00	P2	350.00	18,900.00	
16.000	VENTANAS					34,814.25
16.001	VENTANA CORREDERA	154.73	P2	225.00	34,814.25	

186

Presupuesto: Página 3

No.	PARTIDA	Cant	Un	P.U	Sub Total	TOTAL
17.000	CLOSETS Y DESPENSA					24,520.00
17.001	PUERTA CLOSET	40.00	P2	400.00	16,000.00	
17.004	TRAMERIA DESPENSA Y CL. R. BCA	21.30	P2	400.00	8,520.00	
18.000	PINTURA					39,589.50
18.001	PINTURA ACRÍLICA	305.15	M2	105.00	32,040.75	
18.002	PINTURA ECONÓMICA	100.65	M2	75.00	7,548.75	
	SEGUNDO NIVEL					
19.000	HORMIGÓN ARMADO					69,370.00
19.003	H.A. DINTEL DE TECHO 0.15*0.20	0.35	M3	18,200.00	6,370.00	
19.004	H.A. COLUMNAS C1 0.20 X 0.20	0.55	M3	18,200.00	10,010.00	
19.005	H.A. VIGAS DE AMARRE PERIM. 0.15*0.25	1.90	M3	17,100.00	32,490.00	
19.007	H.A. LOSA PLANA	2.05	M3	10,000.00	20,500.00	
20.000	MUROS DE					96,000.00
20.001	BLOQUES DE 6" 3/8 @ 0.80	150.00	M2	640.00	96,000.00	
21.000	TECHOS					493,183.60
21.001	BLOQUES DE 6" EN ANTEPECHOS	3.80	M2	640.00	2,432.00	
21.002	FINO EN TECHO PLANO	20.56	M2	350.00	7,196.00	
21.003	TECHO EN TEJAS Y MADERA	136.00	M2	3,500.00	476,000.00	
21.004	ZABALETAS EN TECHO	24.40	ML	99.00	2,415.60	
21.005	IMPERMEABILIZANTE DE LONA	20.56	M2	250.00	5,140.00	
22.000	PAÑETE					149,961.20
22.001	FRAGUACHE	130.35	M2	40.00	5,214.00	
22.002	PAÑETE INTERIOR CON MORTERO	261.76	M2	270.00	70,675.20	
22.003	PAÑETE EXTERIOR CON MORTERO	126.60	M2	300.00	37,980.00	
22.004	CANTOS CON MORTERO	211.30	ML	70.00	14,791.00	
22.005	PAÑETE DE YESO EN TECHO (TODO COSTO	26.00	M2	300.00	7,800.00	
22.006	PAÑETE EN TECHO	3.30	M2	320.00	1,056.00	
22.007	PLAFOND DE YESO	13.10	M2	950.00	12,445.00	
23.000	TERMINACION EN PISOS					73,705.00
23.001	CERÁMICA IMPORTADA P/PISO	84.80	M2	750.00	63,600.00	
23.002	ZÓCALO CERÁMICA IMPORTADA	61.34	ML	150.00	9,201.00	
23.003	PISO HORMIGÓN MESETAS	2.26	M2	400.00	904.00	
24.000	REVESTIMIENTOS					60,465.00
24.001	CERÁMICA IMPORTADA DE PARED	69.10	M2	750.00	51,825.00	
24.002	CENEFAS IMPORTADAS	28.80	ML	300.00	8,640.00	
25.000	DESAGÜES PLUVIAL					3,200.00
25.001	DESAGÜE PLUVIAL DE 3" (DOS NIVS.)	2.00	UD	1,600.00	3,200.00	
26.000	INSTALACIÓN SANITARIA					117,880.00
26.001	DUCHA CON PUERTA CORRED. BAÑO PPAL	1.00	UD	25,000.00	25,000.00	
26.002	DUCHA CON PUERTA CORRED. BAÑO SECU	2.00	UD	11,500.00	23,000.00	
26.003	TOPE GRANITOP	19.00	P2	420.00	7,980.00	
26.004	LAVAMANOS	3.00	UD	5,500.00	16,500.00	
26.005	INODOROS	3.00	UD	6,500.00	19,500.00	
26.006	ESPEJOS	3.00	UD	1,500.00	4,500.00	
26.007	ACCESORIOS DE BAÑO DORM. PPAL.	3.00	JUEGO	2,500.00	7,500.00	

Presupuesto: Página 4

No.	PARTIDA	Cant	Un	P.U	Sub Total	TOTAL
26.008	DESAGUE D/PISO 2" INST. A TUB. MATRIZ 4"	2.00	UD	600.00	1,200.00	
26.009	VENTILACIÓN 3"	2.00	UD	350.00	700.00	
26.010	CALENTADOR AGUA	1.00	UD	12,000.00	12,000.00	
27.000	PORTAJE					94,500.00
27.001	PUERTA DE PASO CAOBA APAN.	7.00	uD	13,500.00	94,500.00	
28.000	VENTANAS					37,437.75
28.001	VENTANA CORREDERA	166.39	P2	225.00	37,437.75	
29.000	CLOSETS					26,680.00
29.001	PUERTA CLOSET	42.00	P2	400.00	16,800.00	
29.003	TRAMERIAS	24.70	P2	400.00	9,880.00	
30.000	PINTURA					46,084.35
30.001	PINTURA ACRÍLICA	417.22	M2	105.00	43,808.10	
30.002	PINTURA ECONÓMICA	30.35	M2	75.00	2,276.25	
31.000	MISCELÁNEOS					665,000.00
31.001	INSTALACIONES ELECTRICAS INTERIORES	1.00	UD	200,000.00	200,000.00	
31.007	PERGOLADO MADERA PINO TRATADO	36.00	m2	2,500.00	90,000.00	
31.008	PISCINA Y ENTORNO	1.00	UD	300,000.00	300,000.00	
31.009	JARDINERIA	1.00	PA	75,000.00	75,000.00	
	SUBTOTAL					3,468,036.79
	GASTOS GENERALES E INDIRECTOS					
	Dirección Técnica	10.00%			346,803.68	
	Administ y Transporte	2.00%			69,360.74	
						416,164.41
	TOTAL GENERAL					3,884,201.20
	MT2 CONSTRUCCIÓN (Incluyendo Marquesina y Terraza)					239.00
	RD$ POR MT2 DE CONSTRUCCION				RD$	16,251.89

ANEXO 3: 6 Pasos Básicos para Evaluar Proyectos

Sí bien ninguna herramienta o predicción puede garantizar el éxito de una inversión, abordar el problema siguiendo un sistema estructurado de análisis aumentará, sin dudas, las probabilidades de éxito.

Sí seguimos los pasos que detallamos a continuación para evaluar tus próximos proyectos, tendremos más probabilidades de éxito:

Paso 1. Definir el proyecto de inversión.

Esta etapa es de carácter cualitativo y en ella, antes de proponer la solución en forma de un proyecto de inversión, hace falta describir el problema. Por ejemplo, en una pizzería el problema puede ser el crecimiento de la demanda que no se puede responder de forma adecuada con los hornos instalados. O en un local de ropa exclusiva, la apertura de un local separado para outlet, de manera de no afectar el posicionamiento logrado. Así, el proyecto de inversión, será en consecuencia una solución al problema identificado.

Paso 2. Realizar el estudio de mercado.

Es clave para estimar si hay demanda potencial para que el proyecto se sostenga en el tiempo y dé los beneficios que se esperan. La profundidad del análisis estará definida por el monto previsto de inversión y la complejidad del emprendimiento. Mientras que la compra de una máquina para una costurera independiente podrá no requerir más que una breve estimación de aumentos de pedidos en base a las tendencias de moda, la apertura de una fábrica de ladrillos con importantes inversiones en planta y maquinarias va a precisar un análisis de mercado completo.

Paso 3. Realizar el análisis técnico.

Sobre la base de la demanda estimada en el punto anterior y la naturaleza del proyecto, se debe definir su tamaño, dónde se va a usar o ubicar, qué preparación o capacitación requiere y demás aspectos técnicos relevantes para determinar la inversión inicial y estimar los costos futuros.

Paso 4. Definir los parámetros económicos.

En ésta etapa es necesario definir la inversión inicial y cuantificar tanto los beneficios (que a veces pueden ser un ahorro) como los costos que va a generar el proyecto, y usar esta información para construir un cuadro de flujos de fondos para la vida útil de la inversión. En este paso, vale tener en cuenta que factores como los aumentos de costos claves o los cambios drásticos de demanda pueden generar escenarios negativos o positivos para el proyecto, que merecen ser analizados en cuadros de flujos separados.

Paso 5. Calcular indicadores clave.

A partir de los flujos de fondos se puede estimar la rentabilidad del proyecto usando indicadores financieros. Estos valores permiten comparar fácilmente entre proyectos alternativos. Los que se emplean con mayor frecuencia son:

- Valor Actual Neto (VAN), que permite equiparar a valor presente el flujo de fondos.

- Tasa Interna de Retorno (TIR), que indica la rentabilidad intrínseca del proyecto.

- Payback o periodo de recuperación de capital, que indica en cuánto tiempo se puede recuperar el desembolso inicial del proyecto.

Paso 6. Comparar resultados y expectativas.

Con el proyecto definido, la demanda estimada, beneficios y costos analizados, y varios indicadores financieros calculados, resta comparar los datos obtenidos con las expectativas acerca del proyecto: ¿Son mis objetivos de facturación coherentes con la inversión y la demanda? ¿Existe alguna solución alternativa más rentable al problema que trato resolver? Si las respuestas halladas no satisfacen las expectativas, es necesario revisar el proyecto o hacer ajustes antes de ponerlo en marcha.

ANEXO 4 : Oferta y Demanda Inmobiliaria

Ley de Oferta y Demanda: Es un modelo económico básico postulado para expresar y explicar las incidencias de las variables económicas que pueden afectar tanto la "**Oferta**" como la "**Demanda**" de bienes o servicios en los procesos tanto de la Macroeconomía como de la Microeconomía.

Oferta y Demanda Inmobiliaria: El Mercado Inmobiliario es un conjunto de actos de compra y venta de bienes raíces, especialmente sensible a los ciclos económicos y se afecta con las variables, las cuales inciden en la teoría de Oferta y Demanda generando cambios muy importantes en los precios de los inmuebles.

La Teoría de la Oferta y la Demanda vista en el Mercado Inmobiliario establece que la cantidad de Inmuebles ofrecidos por los Propietarios y la cantidad de Inmuebles demandados por los Compradores Potenciales dependerá del precio vendible del Inmueble que el Comprador Potencial pueda y este en capacidad de comprar.

Base del Postulado: El postulado de Oferta y Demanda se basa en la relación entre el precio de un bien inmueble y las ventas del mismo, y asume que en un mercado de libre competencia, el precio del inmueble en el mercado se establecerá en un punto llamado "***punto de equilibrio***" en el cual se produce un vaciamiento del mercado, es decir, todo los Inmuebles disponibles se venden y no queda demanda insatisfecha.

El postulado de la oferta y la demanda implica tres leyes:

I.- **Mercado de Vendedores**: Cuando la demanda de Inmuebles excede la oferta.

II.- **Mercado de Compradores**: Cuando la oferta de Inmuebles excede la demanda.

III: **Equilibrio**: Cuando la demanda de Inmuebles iguala la oferta de Inmuebles.

Origen del modelo económico "Oferta y Demanda": Es el economista **James Denham-Steuart** quien por primera vez anota la expresión "Oferta y Demanda" en su libro. *Estudio de los principios de la economía política*, publicado en el año 1767; **Adam Smith** usó esta misma frase en su libro *"La riqueza de las naciones"* publicado en el año 1776; **David Ricardo**, tituló el capítulo "Influencia de la demanda y la oferta en el precio", en su libro *"Principios de política económica"* que fue publicado en el año e 1817. Sin embargo fue el economista **Alfred Marshall** quien en su libro *"Principios de Economía"* publicado en el año 1890 formalizó, analizó y extendió su aplicación.

Un Corredor Inmobiliario Profesional se mantiene continuamente informado sobre el comportamiento del Mercado Inmobiliario para conocer la interacción de la Oferta y la Demanda. Siempre se debe buscar Orientación calificada sobre el comportamiento del Mercado inmobiliario a la hora de comprar o vender su Inmueble.

ANEXO 5: El Apalancamiento Financiero

Entendemos por apalancamiento financiero, o efecto leverage, la utilización de la deuda para incrementar la rentabilidad de los capitales propios. Es la medida de la relación entre deuda y rentabilidad.

Cuando el coste de la deuda (tipo de interés) es inferior al rendimiento ofrecido por la inversión resulta conveniente financiar con recursos ajenos. De esta forma el exceso de rendimiento respecto del tipo de interés supone una mayor retribución a los fondos propios.

Supongamos una inversión a un año de importe 1.000.- pesos que reporta un 15% anual exento de impuestos. Para financiar esta inversión utilizamos 650.- pesos de los fondos propios de la compañía y 350.- de un préstamo al 6% anual.

El rendimiento de la inversión será del 15% sobre 1.000.-pesos, es decir de 150.-pesos.

15% de 1,000 = 150

Este rendimiento, antes de retribuir al accionista, debe asumir el coste financiero de la deuda.

6% de 350 = 21

Dicho coste financiero es del 6% sobre 350, por tanto asciende a 21 pesos.

Descontado el coste de la financiación tenemos el rendimiento que puede destinarse a retribución del accionista, es decir, la rentabilidad, en nuestro ejemplo 129 pesos

150 − 21 = 129

Siendo 650 pesos los fondos propios destinados a este proyecto de inversión, el importe de 129 pesos significa el 19.85% de rentabilidad, claramente superior al rendimiento del 15% ofrecido por la inversión.

$$Apalancamiento\ Financiero = \frac{Activo}{Fondos\ propios} \, x \, \frac{BAT}{BAII}$$

En nuestro ejemplo, el apalancamiento financiero será de 1.32.-

Cuando el apalancamiento financiero toma un valor superior a 1 conviene financiarse mediante deuda, cuando es inferior a la unidad, el endeudamiento reduce la rentabilidad del accionista. Cuando el apalancamiento es nulo, desde el punto de vista económico, resulta indiferente.

O dicho de otra forma, **cuando el rendimiento de la inversión supera el coste financiero conviene financiarse mediante deuda**. Cuando el el coste financiero supera el rendimiento de la inversión no resulta conveniente la financiación mediante deuda.

Referencias Bibliográficas:

1) **Administración de la Empresa Constructora**, Primera Edición, *José Adolfo Herrera*, Impresiones Lulu.com 2012

2) **Administración y Gerencia de Empresas**, 1979, *Henry L. Sisk y Mario Sverdlik*, South Western Publishing Co.

3) **Blog especializado de Jaime Aristy Escuder, Phd**
http://jaimearistyescuder.blogspot.com

4) Código Civil y Legislación Complementaria

5) Código de Trabajo de la República Dominicana y leyes afines Secretaría de Estado de Trabajo

6) Congreso de la República Dominicana
www.congreso.gov.do

7) **Construction Accounting & Financial Management**, Quinta Edición, *William J. Palmer, William E. Coombs, Mark A. Smith*, Editorial McGraw-Hill

8) **Construction Management Fundamentals**, Second Edition, *Kraig Knutson, Clifford J. Schexnayder, Christine M. Fiori, Richard E. Mayo*, Editorial McGraw-Hill Construction

9) **Estadística Aplicada a la Administración y a la Economía**, Tercera Edición, *Leonard J. Kazmier*, Editorial McGraw-Hill

10) Estatutos del Colegio Dominicano de Ingenieros Arquitectos y Agrimensores CODIA. www.codia.org.do

11) Estudio de la ley de Tierras. Lic. Arístides Álvarez Sánchez Editorial Tiempo, S.A., 1986

12) **Formulación y Evaluación de Proyectos para el Sector de La Construcción**, 2012, *Adolfo Blanco Rodríguez*, Venezuela

13) **Gerenciamiento de Proyectos**, Segunda Edición, 2007, *Julián R. Salvarrey, Verónica García Fronti, Javier García F.*, Editorial Comicron

14) **Gestión de Proyectos para la Construcción**, 2011, *Julián Salvarredi*, Editorial Comicron

15) **Ingeniería de Costos y Administración de proyectos**, 1996, *Hira N. Ahuja, Michael A. Walsh*, Ediciones Alfaomega

16) **Ingeniería Económica**, Segunda Edición, *Anthony J. Tarquin, Leland T. Blank*, Editorial McGraw-Hill

17) **Ingeniería Económica**, Quinta Edición 1997, *H.G. Thuesen, W.J. Fabrycky, G.J. Thuesen*, Editorial PHH Prentice Hall

18) Ley de Registro de Tierras con sus Modificaciones
Congreso de la República Dominicana, 1978

19) **Manual del Ingeniero Civil**, 1992, *Frederick S. Merritt*, Editorial McGraw-Hill

20) Manual para una eficiente dirección de proyectos y obras**, 2004, *Francisco Javier González Fernández*, Editorial Fundación Confemetal**

21) Mercado de Edificaciones Urbanas en República Dominicana
Fondo Nacional de la Vivienda Popular, Inc. (FONDOVIP). Estudio II, Febrero 2002

22) Ministerio de Obras Públicas y Comunicaciones (MOPC)
www.Mopc.gov.do

23) **Preparación y Evaluación de Proyectos**, Cuarta Edición 2003, *Nassir Sapag Chain & Reinaldo Sapag Chain*, Editorial McGraw-Hill Interamericana

24) **Principios de Ingeniería Económica**, Sexta Edición, 1990, *Eugene L. Grant, W. Grant Ireson, Richard S. Leavenworth*, Compañía Editorial Continental, S.A., México

25) **Project Management in Construction**, Quinta Edición, *Sidney M. Levy*, Editora McGraw-Hill

26) **Recursos en la WEB**:

   a) http://exceltotal.com/diagrama-de-gantt-en-excel

   b) http://exceltotal.com/diagrama-de-gantt-en-excel-parte-2/

   c) http://www.webandmacros.com/macro_excel_gantt.htm

   d) www.aecsoft.com

   e) www.artemissoftware.com

   f) www.ballantine-inc.com

   g) www.enact.cc

   h) www.microsoft.com

   i) www.primavera.com

   j) www.projectinvision.com

   k) www.pmi.org

   l) www.get-best-practice.co.uk

   m) www.infoser.com/infocons/pmi/

27) **The One Page Project Management,** 2007, Clark A. Campell, John Wiley and Son, New Jersey

28) **The Project Management Advisor**, 2008 Lonnie Pacelli, Editorial Financial Times, Prentice Hall

www.ingramcontent.com/pod-product-compliance
Lightning Source LLC
Chambersburg PA
CBHW032005170526
45157CB00002B/549